Scrapbox 情報整理術

スクラップボックス

METHOD FOR UTILIZING SCRAPBOX

ビジネスハックの決定版

Kurashita Tadanori
倉下忠憲 著

JN164349

C&R研究所

■ 本書について

- 本書に記述されている製品名は、一般に各メーカーの商標または登録商標です。
  なお、本書では™、©、®は割愛しています。
- 本書は2018年6月現在の情報で記述されています。
- 本書は著者・編集者が実際に操作した結果を慎重に検討し、著述・編集しています。ただし、本書の記述内容に関わる運用結果にまつわるあらゆる損害・障害につきましては、責任を負いませんのであらかじめご了承ください。

はじめに

私たちの身の回りには情報が溢れています。新聞、雑誌、テレビ、ラジオ、Ｗｅｂ、メール、ＳＮＳ、エトセトラ、エトセトラ。個人がこんなに大量の情報を扱うことなど、これまでの時代ではほとんど考えられませんでした。現代は、物質的だけでなく、情報的にも極めて豊かな時代です。

情報が人間にとって有用なものであることを考えれば、情報がたくさんあること自体は喜ばしい状況だと言えるでしょう。

しかし、それらの情報は使えているのでしょうか。

おそらく保存はできているはずです。外部記憶装置が安価になり、保存のためのツールも進化が進んでいます。保存することは、難しくありません。

しかし、保存できていても、実際はあまり使えていない。そんな状況ではないでしょうか。

情報を使うためには、整理が欠かせません。

整理とは、使うために情報に秩序を与えることです。情報が整理できている状態とは、情報が使えるようになっている状態のことです。

整理は、情報を扱う上で欠かせませんが、情報がありすぎるがゆえにうまく整理が進められず、結果的に情報が使えていない状況が生まれているのではないでしょうか。

では、どうすればいいのでしょう。

その解法を提供してくれるのが本書で紹介するScrapboxです。

Scrapboxは手軽に使い始められるだけでなく、これまでとは違った整理の構造を与えてくれます。既存のツールと異なる点も多いので、最初は戸惑うかもしれませんが、慣れてくればなぜこのツールの特性が他のツールにも備わっていないのかと訝しんでしまうほどです。

そのScrapboxの特性を一言で表すと次のようになります。

「知のコラボレーションツール」

「知のコラボレーションツール」とは一体何なのか。それがどんな解法を提供してくれるのか。本書はそれを明らかにしていきます。

もし、たくさんの情報の扱いに悩んでおられるなら、Scrapboxはきっと役に立ちます。本書とともにその扉を叩いてみましょう。

２０１８年6月

倉下忠憲

CONTENTS

目次

CHAPTER 1

Scrapboxの構成と入力方法

CHAPTER 2

Scrapboxはネットワーク構造で情報を整理する

CHAPTER 3

Scrapboxで知をつないでいく

CHAPTER 4

もっと便利にScrapboxを使う

EPILOGUE

知のコラボレーションで時代を切り開く

PROLOGUE
ようこそScrapboxへ

SECTION 01

Scrapboxとは何か？

まったく新しい情報整理ツール、Scrapboxの世界にようこそ。これは誇張ではありません。

- Scrapboxはこれまでになかった情報整理手法を提供してくれます
- Scrapboxは人が持つ情報や知見を、利用しやすいように「整理」できます
- Scrapboxは知のコラボレーションツールです

総合すれば、Scrapboxは次世代の情報整理ツールです。このツールに宿る新しさは、皆さんの頭の中にある「整理」についての考え方に、ガツンとハンマーを打ち込んでくれるでしょう。整理のパラダイム・シフトです。

しかし、その新しさは、突飛なものではありません。連綿と続く歴史の上にそびえ立つ新しさです。

とは言え、ここで先走るのはやめておきましょう。

冒頭となる本章では、Scrapboxがどのようなツールであり、どんな特徴を持つのかを、続く章に先立つ形で紹介していきます。細かい話は第1章以降で展開していきますので、まずはScrapboxの概要を掴まえてください。

Scrapbox=「カード型のスムーズWiki」

「カード型のスムーズWiki」

Scrapboxを端的に説明するとこうなります。

もう少しだけ説明を追加してよければ、「カード型の、ビジュアル重視である、便利な記法・入力方法を持つ、リアルタイムで複数人編集可能な、拡張性たっぷりのWiki」です。

では、そのWikiとは何でしょうか。「Webブラウザを利用してWebサーバ上のハイパーテキスト文書を書き換えるシステムの一種である」とウィキペディアには書かれています。この説明でわかるかどうかはさておき、そのウィキペディアこそが、Wikiシステム(MediaWiki)を使って実現されているWeb上の百科事典です。つまり、Webで何か調べ物したときによく利用するウィキペディアを思い浮かべていだければ、Wikiについてはイメージできるでしょう。

たくさんのページがあり、それがリンクでつながっている。そして、Web上の誰もがそのページ内容を書き換えられる。しかも、投稿用ツールなどを使わず、Webブラウザ上で編集できる。Scrapboxもそうしたツールです。

パソコンやスマートフォンが普及して以降、デジタルデータを用いた情報整理ツールは多数開発されてきました。そのうち、2010年以降、多くのユーザーに使われてきたEvernoteは、「自分情報のGoogleを作るツール」だと言えます。あとから使いたい情報を放り込んでおき、検索してそれを見つける。まさにGoogleと同じです。だとすれば、このScrapboxは「自分ウィキペディアを作るもの」だと言えそうです。知識や情報のページを作り、それをリンクでつなげて、知識のネットワークを形成する。Scrapboxではそんなことが簡単に実現できます。

SECTION 02

Wikiではダメですか?

しかし、ScrapboxがWikiであるならば、すでに存在しているWikiツールを使えばよいのではないでしょうか。なぜわざわざScrapboxを使う必要があるのでしょう。もちろんそこには理由があります。

確かにWikiは優れたシステムですが、問題がないわけではありません。特にやっかないのが、「面倒くさい」という問題です。

別に笑い話をしているのではありません。とにかく手間が多いのです。Wikiシステムを導入するのもやっかいですし、ページにアクセスして情報を更新するのにも手間がかかります。Wikiには独特の記法があり、それを覚えるまではいちいちアンチョコを参照しながらでないと記述が進められません。

そのような手間や面倒さは、一見すると些細なことのように思えます。しかし、中長期的に知識や情報を蓄積していく手段として考えると好ましくありません。「こんなものはまあいいか」と書き込まれないものが増えてしまうのです。

私も、Wikiシステムの利便性に憧れて、なんども自前のWikiを立ち上げてきました。しかし、長く続いたものは1つもありません。最初の数ページは勢いで書いていけるのですが、3日も経てば勢いは弱まり始め、1週間も経てばまったく消え去ります。結局、書き込みも参照もされることなく、そのまま存在自体が忘れ去られる。そんなことを何度も繰り返してきました。

私の怠惰が原因だと言ってしまえばそれまでですが、この世に存在するほとんど多くの人は勤勉さに満ち溢れているわけではないでしょう。この点が「知のコラボレーション」としては肝要です。勤勉さに満ち溢れていないと書き込めないようなツールでは、集められる情報に限界(あるいは偏り)が生じてしまうのです。

他の情報整理ツールでは?

では、それ以外の情報整理ツールはどうでしょうか。2010年以降、簡単に使えるツールは爆発的に増えています。それらのツールを使えば、代替できるのではないでしょうか。

これにも問題があります。1つには、そうしたツールは特定の用途に合わせて調整されているものが多く、それ以外の使い方が難しいこと。もう1つには、そうしたツールでは、Wikiのようなリンクを主体としたページ作りが行えないことです。ウィキペディアのように、次々とリンクを踏み、情報の森の中に入っていくようなあの感覚は、簡単には再現できません。機能的に実装できるものもありますが、それを行うためには大変な手間がかかります。つまり、実際に行われることはほとんどない、ということです。

SECTION 03

Scrapboxの4つの特徴

Scrapboxは、こうした問題を解決する特徴を持ちます。大別すれば次の4つです。

- 簡易な入力環境
- リンクによるネットワーク化
- 多様な使い方の許容
- 拡張性・利便性補助

まず、「簡易な入力環境」ですが、Scrapboxはブラウザベースのクラウドツールであり、パソコンやスマートフォンのWebブラウザさえあれば誰でも始められるようになっています。また、全体の設計がシンプルになっており、インターネットを使ったことがある人ならば、何の説明もなく使っていける操作感です。さらに、便利な入力記法・操作方法が準備されていて、ユーザーの記述を大いに助けてくれます。こうした点については、第1章にて詳しく紹介します。

次に「リンクによるネットワーク化」です。Scrapboxは、これまでの情報整理ツールとは違った形で情報を整理します。一般的に整理というと、しかるべき場所を設定し、そこに収納することがイメージされるでしょう。たとえば、パソコンにおけるファイル管理のように、階層的にフォルダを作り、その中にファイルを保存するといった形です。

Scrapboxはそのような形をとりません。情報をフラットに並べ、それらをリンクでつないでいく手法を採ります。

はたしてそんなやり方でうまく管理でき

●情報がカードのようにフラットに並ぶ

るのか心配になるかもしれませんが、問題はありません。実はそのようなフラットな管理方法は、現代では意外に身近な方法になっています。この点については、第2章で掘り下げていきます。

3つ目の「多様な使い方を許容」は、デジタルツールならではでしょう。もともと情報整理ツールは、いろいろな使い方ができます。たとえば1冊のノートは、勉強ノートにも、落書き帳にも、家計簿にも使えます。しかし、家計簿として販売されているノートは、他の用途には使いにくいものです。つまり、情報整理ツールには汎用的なものと専用的なものがあり、用途の広さと特化した機能がトレードオフになっています。

Scrapboxは汎用的な情報整理ツールです。1冊のノートと同じように、さまざまな情報を扱えます。しかも、それをパブリックに出すか、プライベートに留めるのかの選択もできます。身近な例で言い換えれば、デジタルノートとしても、ブログとしても使えるツールです。

さらにScrapboxは複数人でも使っていけます。一般的に情報整理ツールと言うと、書斎にこもって一人で情報をせっせと振り分けているようなイメージがありますが、必ずしもそれだけが情報整理ではありません。複数人で行う情報整理もあります。むしろ、企業活動では、そうした情報整理こそが必要とされているのではないでしょうか。

Scrapboxの優れた特徴の1つが、複数人での情報整理が簡単かつ便利に行える点です。しかも、非同期だけでなく同期(リアルタイム)での編集も得意です。そしてこの点が、Scrapboxが示してくれる新しい情報整理の可能性を示しています。

こうした用途の広さについては、実例も踏まえて第3章で紹介していきます。

最後の「拡張性・利便性補助」については、ややマニアックな話が含まれます。中長期的に情報を蓄積していくのなら、ツールは長く使うことになります。であれば、そのツールの使い心地は、少しでも自分の手に馴染むものがよいでしょう。しかし、万人向けに調整されたツールは、どこかしら自分の使い勝手にそぐわない部分があるものです。人間は一人ひとり違った好みを持っているのですから、ある程度は仕方がありません。そこでカスタマイズです。

紙のノートでもサイズや罫線を選べますし、デジタルツールなら背景色やフォントが選択できます。Scrapboxも同様で、見た目のカスタマイズを自分で行えます。さらに、ある程度の機能であれば自分で追加することも可能です。

この点については、細かい機能も含めて第4章で解説します。

最後にあたる終章では、Scrapboxがもたらす知の共有スタイルの未来について考えます。

SECTION 04

次世代型Wikiということ

再確認しておきましょう。Scrapboxは、簡単に使えるWikiです。Wikiそのものではありませんが、ツールの思想にはWikiが強く根付いています。この点が、他の情報整理ツールとの違いでもあります。

Wikiは情報を整理するツールではあっても、メモ帳やアウトライナーと同じではありません。WikiはWikiです。Wikiの系譜に連なるScrapboxでもそれは同じです。Scrapboxは、情報を「貯める」ツールでもなければ、構造を「構築」するツールでもありません。固有の目的を持つ、まったく新しいタイプの情報整理ツールです。ある部分ではWiki的であり、別のある部分ではWikiを上回っています。

では、どのような点がWikiよりも上であり、また他の情報整理ツールとの違いになっているのか。それを次章から詳しくみていきましょう。Scrapboxを巡るツアーの始まりです。

Column

Wikiとは何か?

Wikiは、情報を集めるコラボレーション・システムです。そのWikiはどのように始まったのでしょうか。

Wikiを生み出したのは米国のプログラマ、ウォード・カンニガムです。彼は「Portland Pattern Repository」というWebサイトを1995年に作成し、そこに他の人が編集できるエリアを設定しました。そのエリアを作り出すためのシステムをカンニガムは「WikiWikiiWeb」と名付けたのですが、いつしかそのサイト自体も「WikiWikiiWeb」と呼ばれるようなり、それが転じて、自由に書き込めるページを作るためのシステムと、それによって作られるページの両方がWikiと呼ばれるに至っています。

ここで注目したいのはカンニガムが名付けた「Portland Pattern Repository」というサイトの名前です。カンニガムはそのサイトで、パターンを収集しようとしていました。ここで言うパターンとは、クリストファー・アレグザンダーを源流に持つ情報の単位のことで、さまざまな知見を一段上の抽象的な視点からとりまとめる方法を意味します。

カンニガムは、HyperCard時代からパターンブラウザというツールを作り、パターンを収集していたそうです。人の知見を集め、他の人でも利用できる形に整理しておくこと。そのような試みを求める力が彼の中には強くあったのでしょう。その力が、Wikiを生み出すことにもつながりました。そうした歴史に関しては、江藤浩一郎さんの『パターン、Wiki、XP』(技術評論社刊)で面白く紹介されていますのでご興味あればそちらもご覧ください。

ともかく、そうしたパターンは自分ひとりの知見だけでなく、さまざまな人から集めた方が引き出しは広くなります。Wikiシステムが背景にあるScrapboxにおいても、同じような姿勢で使っていくのがよいでしょう。

CHAPTER-1

Scrapboxの構成と入力方法

SECTION 05

Scrapboxの2つの構成要素

本章では、Scrapboxを構成する基本的な要素について確認します。さらに、入力方法も紹介します。

Scrapboxの構成要素と入力方法は、簡単・簡素という特徴を持っているので、難しい話は1つもありません。実際に見ていきましょう。

Scrapboxは、大きく2つの要素で構成されます。1つがプロジェクトで、もう1つがページです。

大きなボードをイメージしてください。そのボードにはさまざまな付箋がたくさん貼られています。ボード自体も複数あり、それぞれのボードにも付箋が貼られています。ボードはみんなに見てもらうこともでき、自分だけが見られるようにもできます。他の人と一緒に付箋を貼っていったり、別の人のボードに誘われて、そこで作業することもできます。

このときのボードのイメージが、Scrapboxの**プロジェクト**です。そして、ボードに貼られた付箋が**ページ**です。

プロジェクト

Scprapboxにおけるプロジェクトは、情報をとりまとめる大きな単位です。プロジェクトは複数作ることができ、それぞれに違った役割を持たせられます。プロジェクトは公開と非公開が選択できるので、オープンなプロジェクトもクローズドなプロジェクトも作れます。さらに個

◉さまざまな使い方を包括するScrapbox

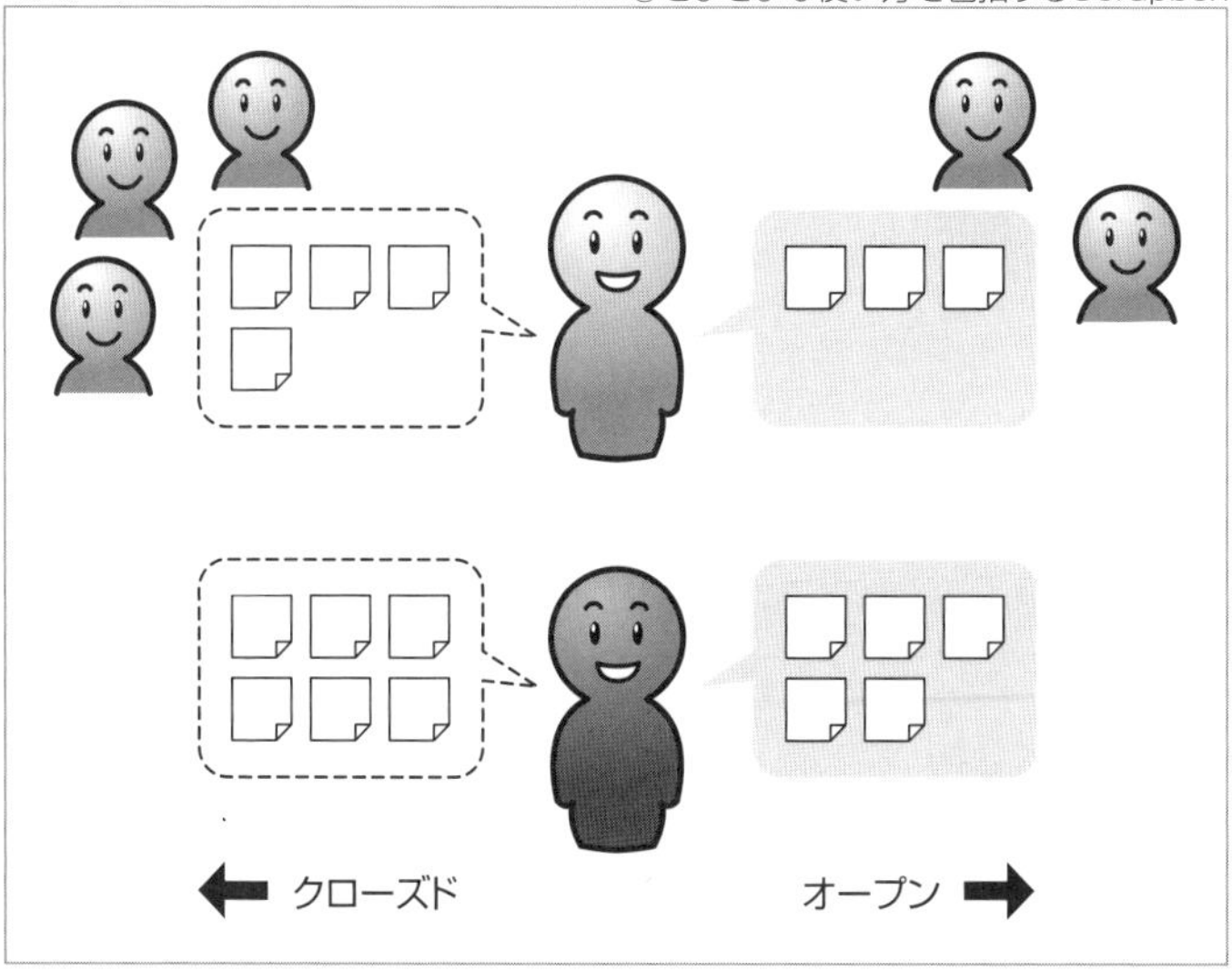

人だけでなく複数人で運営することも可能です。
　これらすべてを包括するのがScrapboxです。

ページ

　ページは、プロジェクトに所属する要素であり、1つのまとまった情報を収めておくための場所でもあります。とは言え、普段インターネットをお使いであれば、特に難しい説明は不要でしょう。私たちがよく見ているWebページに相当するのがScrapboxのページです。Webサイト＝プロジェクト、Webページ＝ページと捉えておけば、わかりやすいでしょう。ノート系の情報整理ツールで言えば、一枚のノートがScrapboxのページにあたります。

　簡単に言えば、Scrapboxを使っていくこととは、まずプロジェクトを作り、そこにページを増やしていくことを意味します。

SECTION 06

画面構成の解説

では、実際にプロジェクトやページがどういうものなのかを、私が利用しているプロジェクトの画面で見ていきましょう。

プロジェクトのホーム画面構成

次ページの画面は、私のプロジェクトのホーム画面です。プロジェクトにアクセスしたときは、まずこのホーム画面が表示されます。

❶グローバルメニュー
❷新規作成ボタン
❸検索ボックス
❹プロジェクト名／プラン
❺所属ページ一覧

❻表示調節セット

それぞれの領域について、簡単に解説します。

画面最上部にはメニューバーがあり、グローバルメニュー・新規作成ボタン・検索ボックスが含まれています。

グローバルメニューをクリックすると、3つの要素が表示されます。他のプロジェクトへのリンク、さまざまな設定項目、そして自分が訪問したことのある他の人のプロジェクトへのリンクです。このメニューからプロジェクトの行き来が可能です。

［＋］マークのボタンは、ページの新規作

◉プロジェクトのホーム画面

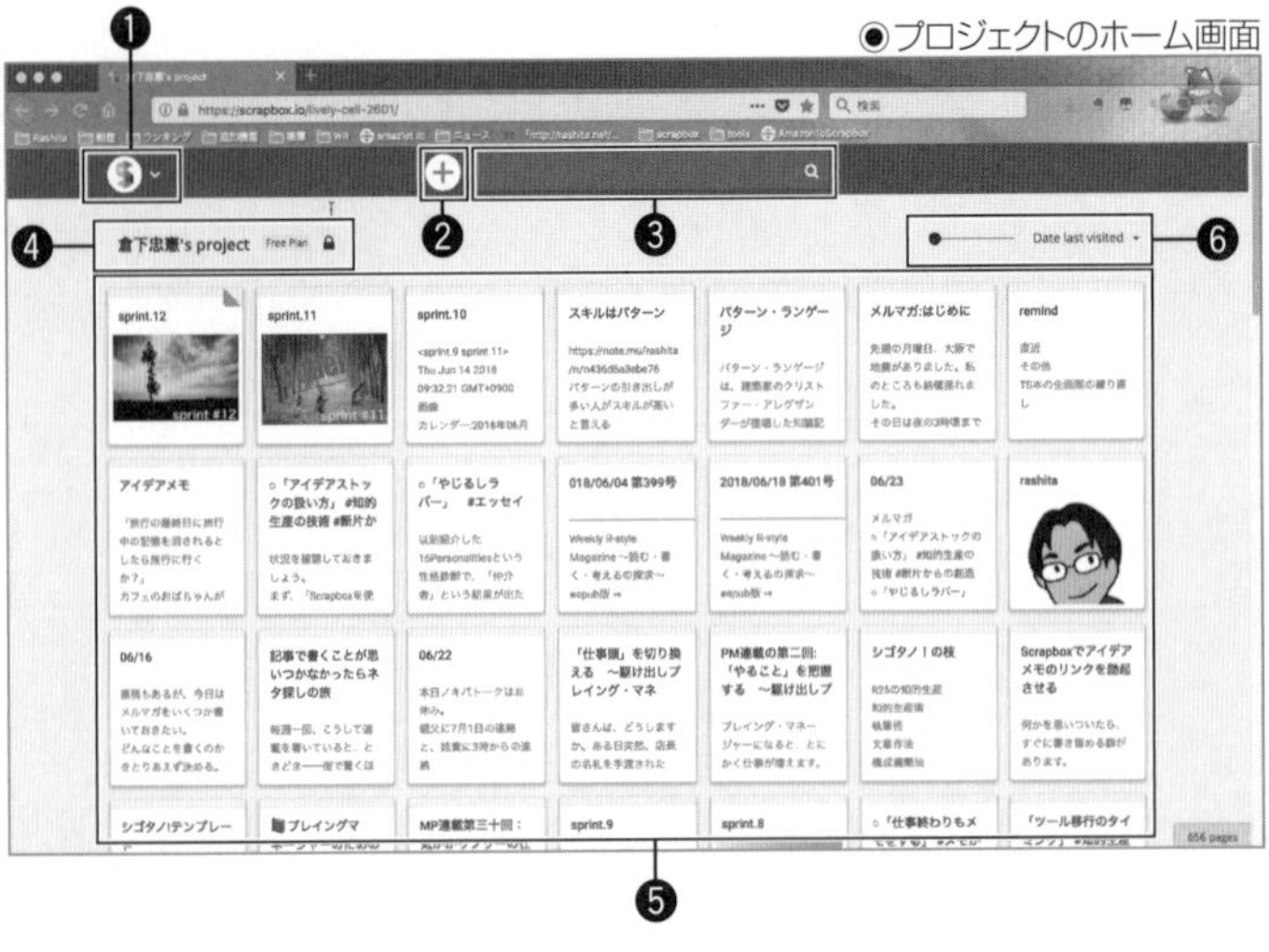

成ボタンです。このボタンを押すと、白紙ページが新規作成されます。よく使うことになるボタンです。

検索ボックスは、そのプロジェクトに対する検索が行えます。ボックスに検索ワードを入力すると、その言葉を含むページタイトルが候補として表示され、Returnキーで検索を実行すると、本文までを含めた検索結果が表示されます。

以上の3つがメニューバーに含まれる要素です。

メニューバーの下にはプロジェクト名が表示されます。もしそのプロジェクトが非公開なものであれば、鍵マークのアイコンが一緒に表示されます。

さらにその下が、プロジェクトに所属するページが表示される領域です。最初に表示されるのは全体の一部で、下にスクロースしていけば次々と読み込まれていきます。ホーム画面の右下には、プロジェクトに所属するページの総数も表示されます。

各ページはサムネイル(縮小版)で表示されますが、そのサイズは右上のつまみ(スライダー)で変更可能です。右にスライドさせれば大きく、左にスライドさせれば小さくなります。サムネイルが大きくなると、内容の記述量も増えます。一覧性を確保したい場合は表示を小さく、それぞれのページの概要把握が重要な場合は表示を大きくするとよいでしょう。

この一覧は、整列方式を変えられます。次の7種類から選択できます。

「Date modified」は更新日順です。中身を書き換えた日時が新しい順にページが並びます。「Data created」はページの作成日順で、更新の新しさは関係ありません。「Data last visited」は最近開いたページ順に並び、「Trending」と「MostPopular」は閲覧数順に並びますが、「Trending」は最近の期間、「MostPopular」はトータルでの表示回数が多い順になります。「Most linked」は他のノートとリンクしている数の多い順に、「Title」はページ

◉ソート方式の一覧

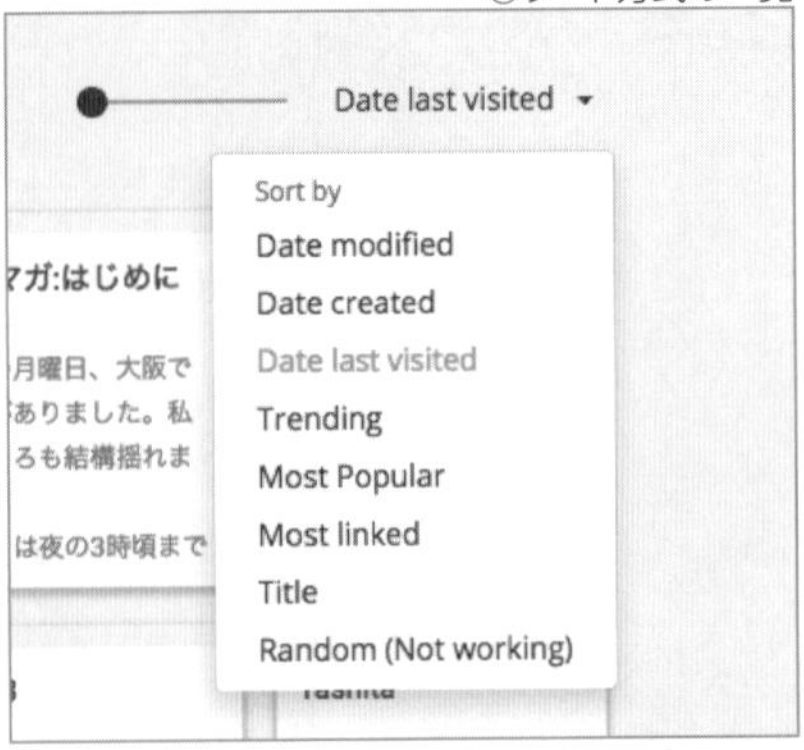

タイトルのアルファベット順に並びます。

本書執筆時点では「Random」は機能していませんが、将来的には無作為に並べることも可能になるかもしれません。

どのような順番で整列されていても、どれかのページをクリックすれば、そのページが開きます。Ｗｅｂではごく当たり前の動作なので、改めての説明は不要でしょう。では、実際にページの中身をのぞいてみましょう。

ページの画面構成

ページを開くと、次ページのような画面が表示されます。

❶メニュー部分（ホーム画面と共通）
❷エディタ領域
❸テロメア
❹ページメニュー領域
❺関連ページ領域

メニュー部分は、ホーム画面と共通なので、ここでは割愛します。

中央にあるのがエディタ領域です。ここがページのメイン部分となります。

このエディタ領域には、直にテキストが入力できます。他のツールのように編集を開始するためのボタンもありませんし、保存のボタンもありません。ページを開けばそのまま書き始められ、書いたら自動的に保存されます。ユーザーは書くことだけを考えればよく、それ以外の操作について配慮する必要はありません。

エディタ領域の1行目が、そのページの

◉ページのサンプル画面

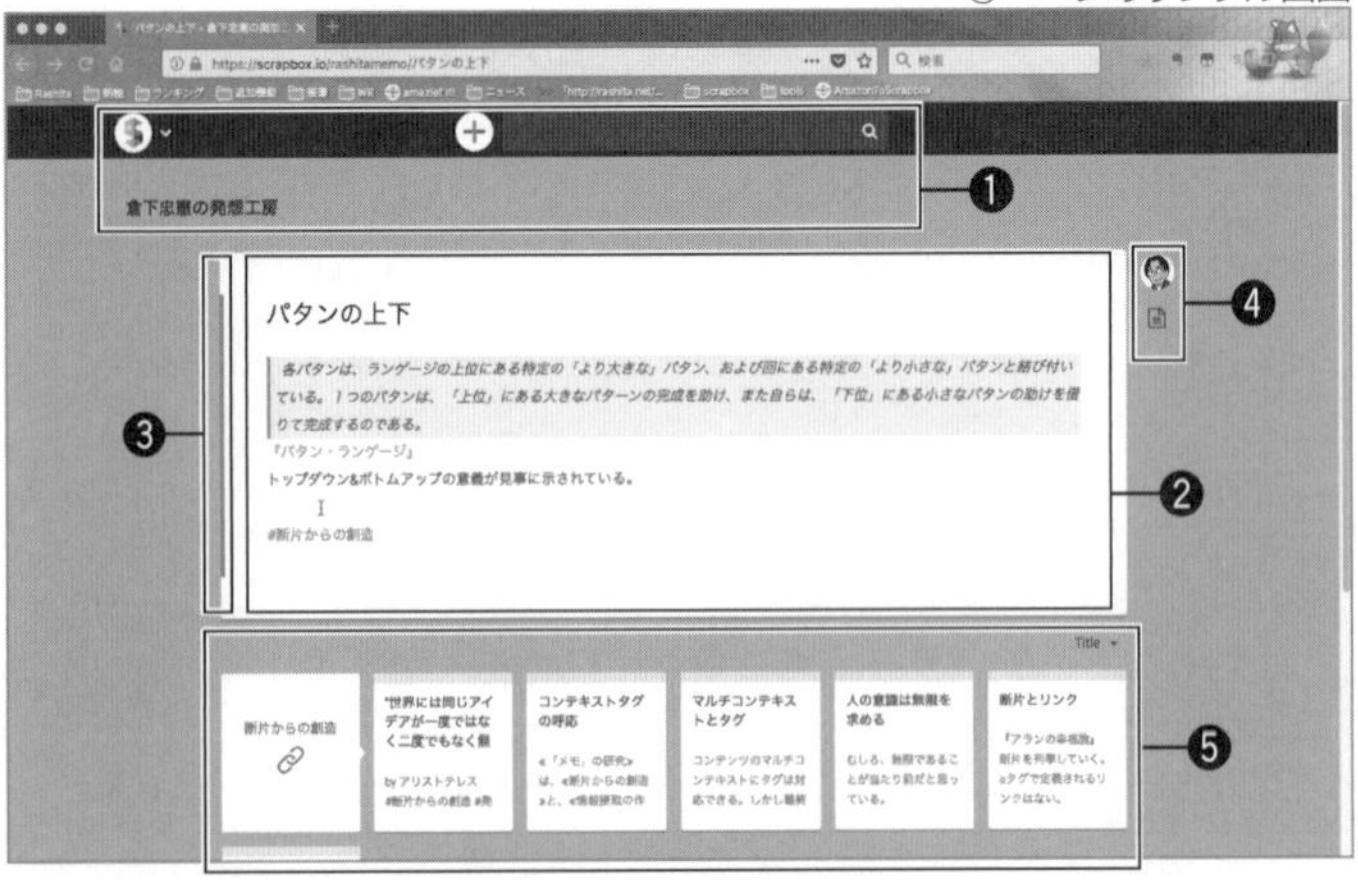

タイトルとして使用されます。もし1行目が空白であれば、2行目がタイトル要素として使われます。同じように2行目も空白なら3行目がタイトルになります。ようするに最初に登場するテキストがタイトルに使われます。

ページタイトルは、そのページのURLとしても使用されます。タイトルを書き換えるとそのページのURLも変更されます。

エディタ領域の左側にあるのが「テロメア」です。テロメアは、ページの「鮮度」に関する情報を表示しています。詳細は第3章で紹介します。

テロメア領域をクリックすると、その行のURLがブラウザのアドレスバーに表示されます。つまり、各ページが固有のURLを持つだけでなく、ページの中にある行もまたURLを持っています。公開しているプロジェクトで、特定の箇所だけを誰かに知らせたい場合などに行URLは活躍してくれます。

エディタ領域の右側には、2つのボタンが並んでいます。上のボタンをクリックすれば、ページに関する基本的な情報（作成および最終編集からの経過時間・作成者・ページの閲覧数)が表示されます。下のボタンをクリックすれば、ページ操作のメニューが表示されます。このメニューについては後述します。

まずは、ページの構成要素を確認してみました。特に難しい要素はないので、ページを開けば、そのまま使い始められるかと思います。

続いて、エディタ領域への入力方法について見ていきましょう。ポイントは3つあります。

- クイック箇条書き
- Scrapbox記法
- 要素の埋め込み

それぞれ確認していきます。

SECTION 07

クイック箇条書き

Scrapboxでは、「いきなり」箇条書きに入れます。

どこかの行の先頭で、スペースキー、あるいはTabキーを押せば、その行が即座に箇条書きになります。行頭にバレット(黒丸)が表示され、その行で改行すると次の行にもバレットが表示されます。もう一度、スペースキーかTabキーを押せば、段落が一段深くなり、逆に行頭スペースを削除するかShift + Tabキーを押せば、段落が一段浅くなります。段落の高低操作だけでなく、行単位・ブロック単位での上下移動も可能です。つまり、情報を自由自在に移動させられるわけです。

一般的なテキストエディタには、箇条書きを支援する機能がありませんので、自分でそれぞれの行に中黒(・)を打ち込む必要があります。Wordのようなリッチテキストエディタでは、箇条書きのフォーマットがありますが、使うためには書式の変更が必要です。

逆に、箇条書きに特化したアウトライナーツールでは、軽快に箇条書きを入力していけますし、項目の移動なども自由に行えますが、普通の文章を書くのにはあまり向いていません。

Scrapboxは、その良いところどりになっています。普通に入力していく文章と、箇条書きリストが簡単に併存させられるのです。

もちろん、「良いところどり」なので、箇条書きの操作に特化したツールとまったく同じようにはいきません。マウスのドラッグによる項目の移動や、下位要素の開閉は不可能です。それでも、ページ内の情報を整える最低限の機能は備わっています。

この行単位・ブロック単位の移動機能があるおかげで、Scrapboxでは「とりあえず書き出し」やすくなっています。順番などは深く考えず、思い付いたことを書き出していき、それをあとから入れ替えて整えることが実施しやすいのです。

おそらく触り始めたばかりのころは、このクイック箇条書きに戸惑うことでしょう。行頭にスペースを入れると箇条書きが始まってしまうのは、普通のエディタの感覚からすると違和感があるかと思います。しかし、いったん慣れてくれば、この方式が圧倒的に楽であることに気が付かれるでしょう。

また、箇条書きでシンプルにまとめようとすると、思考が端的になってきますし、短く入力してある方が、あとから見返すときにも楽です。

この「あとから見返すときに楽」という点は、情報を保存していく上で見過ごされやすい重要さの1つです。ダラダラと書かれた文章は、読み返すだけでも時間がかかり、読むための気力を必要とします。文章の達人ならともかく、そうでない人が書いた長文はあまり積極的に読みたいものではありません。入力する情報の量を限定しておいた方が、情報の操作や利用はやりやすくなる傾向があります。

もちろん、すべてを箇条書きにする必要はありませんが、それでも、箇条書きの効能については少し意識しておくとよいでしょう。

もし、行頭のバレット表示が煩わしい場合は、ページメニュー(後述)から消すか、あるいはUserCSS(第4章)にて表示のカスタマイズが可能です。

SECTION 08

Scrapbox記法

Scrapboxには、独自の記法が準備されています。それを使えば、プレーンなテキストだけでなく、装飾された文字も入力できます。

Scrapboxの記法は、Wikiの標準的な記法とも少し違っていますし、プログラマに人気のMarkdown記法とも違っています。独特な記法です。

とは言え、実体は簡単です。書き方の基本はブラケット（［ ］）で囲むだけです。そして、装飾したい用途に合わせて中に記号を入れていきます。いくつか紹介してみましょう。

ページリンク記法

Scrapbox記法の中でも特に重要で、頻繁に使用するのがページリンク記法です。

ページリンクとは、同一のプロジェクトに所属する、別ページへのリンクのことです。Scrapbox記法では、このページリンクがごく簡単に作成できます。

頻繁に利用することになるので、ぜひとも覚えたい記法なのですが、実は「覚える」必要はありません。「**[ページタイトル]**」のように、リンクしたいページのタイトルをブラケットでくくれば、それだけでページへのリンクになります。これが一番シンプルなブラケットの使い方で、おそらく忘れようもないでしょう。

それだけではありません。Scrapboxでは、開きブラケットを入力すれば、閉じブラケットが自動的に挿入されます。さらに、ブラケットの中で、言葉を入力すると、ページタイトルの候補がいくつか表示されます。この候補は、入力された言葉と完全一致しているものではなく、曖昧さを許容する検索によって提案されているので、多少決め打ちであっても、目的のものが見つけられる場合があります。つまり、「それっぽい」キーワードを入力すればいいわけです。

よってScrapboxでページリンクを作るときは、開きブラケットを入力する、それっぽいキーワードを入力する、表示される候補から選択する、という簡単な手順で済みます。

また、ページリンクを作った際、そのページがまだ存在しておらず、さらに他のどのページからもリンクされていない場合には、リンクはオレンジ色になります。そのリンクをクリックすると、そのページタイトルを持つ白紙のページに移動します。Wikiでよく見かける「空リンク」によるページ生成法です。

この機能があることにより、「とりあえず」と「あとで」が実現できます。

たとえば、どこかのページに記述しているとき、そのページの記述に関係する何かを思い付いたとしましょう。こういうことはよくあるものです。その場合、一般的な情報整理ツールでは、新規作成ボタンを押して、新しく作成されたページに移動してから思い付いたことを書き込む手順が必要となります。やってみるとわかりますが、このような手順は、思っている以上に面倒に感じられるものです。

Scrapboxでは、「とりあえず」思い付いたことの見出しをページリンクとして書き込んでおき、当面のページの記述が終わった「あとで」空リンクを踏んで、新しく思い付いたことを書き込んでいけます。これは単に、新規作成ボタンを経由しなくてもよいという手順の簡略化だけでなく、関連して思い付いたページ同士がリンクしているという、情報的結合も生まれている点にポイントがあります。「あることを書いているときに、一緒に思い付いた」という事実もまた情報としてページに残るわけです。この重要性については、次章でじっくりと検討しましょう。

シンプルに言えば、頭が活発に動いているときに、その動きを阻害しないための機能がこの空リンク記法だと言えます。実はこれはScrapboxの哲学を支える重要な要素でもあります。

また、ブラケットでくくったページリンクは、頭にシャープマークを付けた「**#ページタイトル**」という記法でも代替できます。これは他の情報ツールによく見られる「ハッシュタグ」と呼ばれる使い方です。見た目は異なりますが、ページリンクとしての機能、空リンクの振る舞いは同様です。

外部リンク記法

ページリンク機能は、同一プロジェクト内のページに関するリンクでしたが、もちろんプロジェクト外のＷｅｂページにもリンクを張ることができます。

http://あるいはhttps://から始まる文字列は自動的にリンク変換されますし、ページリンクと同じようにブラケットでくくっても構いません。リンクにタイトル文字を付けたい場合は、半角スペースとともにブラケットの中に書き加えればそれがタイトル文字として使われます。この場合、「[株式会社 C&R研究所 http://www.c-r.com/]」「[http://www.c-r.com/ 株式会社 C&R研究所]」のように、タイトル文字はURLの前に書いても後ろに書いても問題ありません。とりあえず両方をブラケット内に記入すれば、Scrapboxがうまい具合に処理してくれます。

また、Scrapboxの別のプロジェクトへのリンクは、冒頭の「https://scrapbox.io」を省略できます。

この記法もよく使うことになるので覚えておきたいところですが、実際、これも覚える必要はありません。Scrapboxでは、他のScrapboxページのURLを貼り付けると自動的に変換され、前述のようなリンク記法として貼り付けられるようになっています。

アイコン記法

もう1つよく使う記法に、アイコン記法があります。ホーム画面を見るとわかりますが、ページ内で使用されている画像はサムネイルにも表示されます。その画像がページのアイコンです。アイコン記法は、その画像を利用するための記法です。

ページリンク記法は「**[ページタイトル]**」と書きましたが、アイコン記法は「**[ページタイトル.icon]**」と書きます。

頻繁に利用する画像をアイコン化しておけば、ページ中で絵文字のような表現が可能となります。情報の性質を示すメタ情報（タスク・アイデア・緊急など）として使ったり、あるいは反応を表す情報（Thanks、GoodJob、そのとおり！など）として使ったりと用途はさまざまです。

また、横長の棒をアイコンにすれば、ページの区切り線のようにも使えますし、四角に塗りつぶしたアイコンを横に並べれば棒グラフのような使い方もできます。

iconsプロジェクトには、複数のアイコンが準備されているので、それを利用することもできます。外部プロジェクトへのリンクと、アイコン記法を組み合わせて、「[/icons/hr.icon]」のように入力することで、アイコンを表示させられます。

あるいは、SNSなどを利用されている方は、自分のアイコン画像をお持ちかもしれません。その画像をアイコン化しておけば、発言者を表すこともできます。Scrapboxにはそのためのショートカットキーもあります。具体的には、Ctrl + Iです。

このショートカットキーを押すと、「[hoge hoge.icon]」のようなテキストが挿入されま

◉さまざまなアイコンの例

す。hogehoge部分に入るのはユーザー名です。たとえば私でしたらrashitaというユーザー名で登録しているので、「[rashita.icon]」というテキストが挿入されます。つまり、タイトルがrashitaというページを作っておき、そこに自分のアイコン画像を貼り付ければ、ショートカットひとつで、自分のアイコンをページに挿入できるようになります。

この「[rashita.icon]」の参照元となるページは、「自分のページ」と呼ばれています。自分のユーザー名については、Personal Settingsのページから確認および変更可能です。詳しくは第4章で紹介します。

自分のアイコンは、複数人で運営しているプロジェクトにおいて、誰の発言かをわかりやすくするためにも使えますし、また、何かをメモするときに、一般的な事実と自分の意見を分けて記入するときにも使えます。複数人での利用でも、1人での利用でも活躍しますので、ぜひ覚えておいてください。

文字装飾記法

その他の細かい文字装飾については下表にまとめて紹介します。

これらはScrapboxヘルプ・プロジェクトの「記法」のページにまとまっていますので、Scrapboxの利用中はそちらを参照するとよいでしょう。

● Scrapboxヘルプ

https://scrapbox.io/help-jp/

テキスト選択ポップアップメニュー

Scrapbox記法は、テキスト選択のポップアップメニューからも入力できます。

ページ内のテキストを範囲選択すると、操作用のメニューが上部に表示されるので、そ

◉文字装飾の記法

文字装飾	記法	備考
太字	[[太字]]	
	[* 太字]	「*」の数で太字が変わる
	[**** もっと太字]	
斜体	[/ 斜体文字]	
打ち消し	[- 打ち消し]	
引用	>引用部分	
数式	[$ \frac{-b \pm \sqrt{b^2-4ac}}{2a}]	Tex記法の数式表記に対応
コード	`code`	
コードブロック	code:言語名(あるいはファイル名) //ここにコードを入力する	
テーブル	table:テーブル名 要素A【tab】要素B	「table:テーブル名」のあと、インデントして、要素をタブで区切る

こから記法を選べば、選択したテキストが記法変換されます。ただしこのメニューは、1行を選択した場合と複数行を選択した場合で、内容が変わります。

1行を選択した場合は、「[Link]」「Strong」「Italic」「Strike」「Plain」が表示されます。

- Link：[ ]で囲む→ページリンク
- Storng：[*]で囲む→強調
- Italic：[/]で囲む→斜体
- Strike：[-]で囲む→打ち消し線
- Plain：付いている装飾要素をすべて削除

◉1行テキスト選択の例

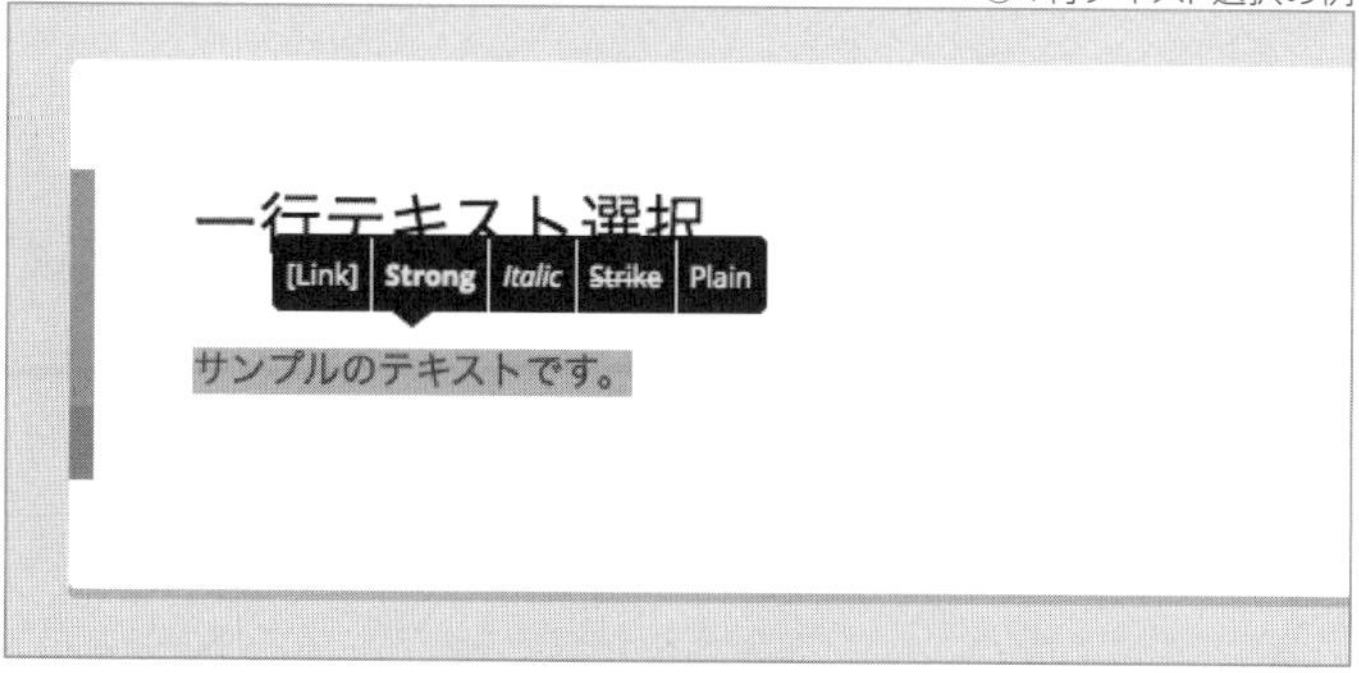

複数行では、「NewPage」と「Plain」が選択できます。「Plain」は先ほどと同じです。

New Pageは新規ページの作成ですが、選択しているテキストを本文に持つページが新規作成されます。言い換えれば、そのテキストを別ページに「切り出す」ための機能です。

切り出しが実行されたあとは、もともとのページにあったテキストは1行目だけが残されて、ページリンクに変換されます。もちろん、そのリンクは新規作成されたページへのリンクです。逆に、新規作成のページの1行目には、「from [~~]」という記述が追加されます。どのページから派生してきたのかが情報として追加されるわけです。不要ならばその記述は消してしまっても問題ありません。

◉複数行テキスト選択の例

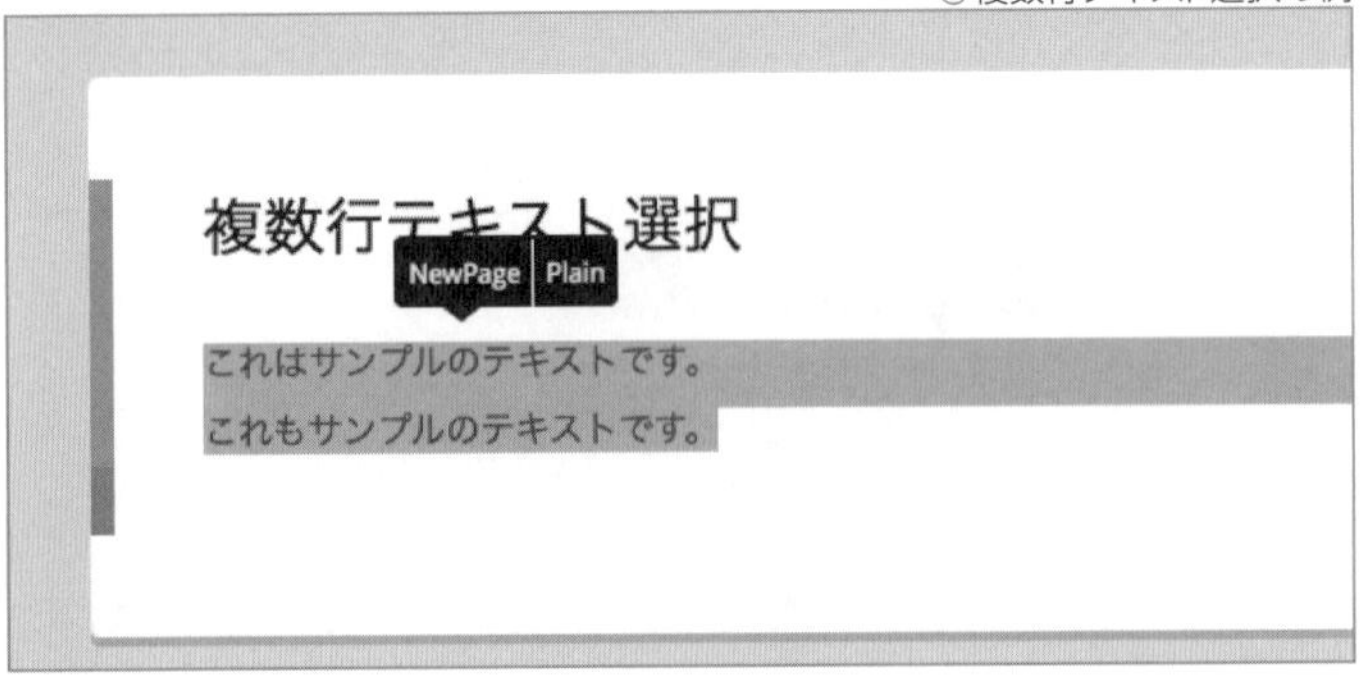

Scrapbox記法のまとめ

記法については、2つのことを覚えておいてください。1つは、ブラケットでくくればページリンクになる、ということです。いまだに存在していないページのリンクも同じ方法で作れます。

また、他の文字装飾についても、とりあえずブラケットでくくり、その中に記号を書き入れる形になります。記法によっては、このフォーマットがバラバラだったりするのですが、Scrapboxでは「とりあえずブラケットを入力するのだ」と覚えておけば、あとは記号の役割を覚えるだけで済みます。

SECTION 09

画像要素などの埋め込みについて

ページにはテキストだけでなく、画像などを配置することもできます。まずは、画像の取り扱いから見ていきましょう。

画像の取り扱い

Scrapboxのページに画像を表示させるには、大きく3つの方法があります。直接、間接、Drawingの3つです。

1つ目の「直接」は、ページに画像をドラッグ&ドロップする方法です。それで、画像が貼り付けられます。あるいはクリップボードに画像がコピーされている状態で、ペースト操作を行うのでも同じです。

実際は、ページに画像が直接貼り付けられるわけではなく、いったん「Gyazo」というサービスにアップロードされ、そのURLがブラケットに入った状態でペーストされます（Gyazoについては56ページで補足説明しています）。とは言え、普通に使っている分には背後で何が行われているかを気にする必要はありません。「ドラッグすれば、画像が表示される」と覚えておけばよいでしょう。

2つ目の方法は間接的なやり方です。どこかScrapboxとは別の場所に画像をアップロードし、そのURLをページに貼り付けて、ブラケットでくくれば、その画像が表示されます。Gyazoとは別のオンラインサービスで画像を管理している場合は、このやり方が使えるでしょう。

最後に、後述するDraiwingを使う方法があります。こちらは手書きイラストになりますが、簡易のイメージを描写するだけならばこれでも十分でしょう。また、iPadなどのタブレットであればパソコンよりは細かいイラストが描けます。

テキスト主体で情報を保存していく場合は、画像を利用する機会は少ないかもしれませんが、「自分のページ」にアイコンを設定する場合には最低限使うことになります。また、ページに画像を貼り付けておくとホーム画面での視認性が著しく上がりますので、重要なページに関しては積極的に画像を貼り付けていくやり方はなかなか有効です。

YouTube／Vimeo

動画投稿サイト「YouTube」「Vimeo」の動画ページのURLを貼り付けると、その動画が展開されます。

Googleマップ

地図サイト「Googleマップ」の地図ページのURLを貼り付けると、その地図が展開されます。

◉YouTube動画の埋め込み

●Googleマップの埋め込み

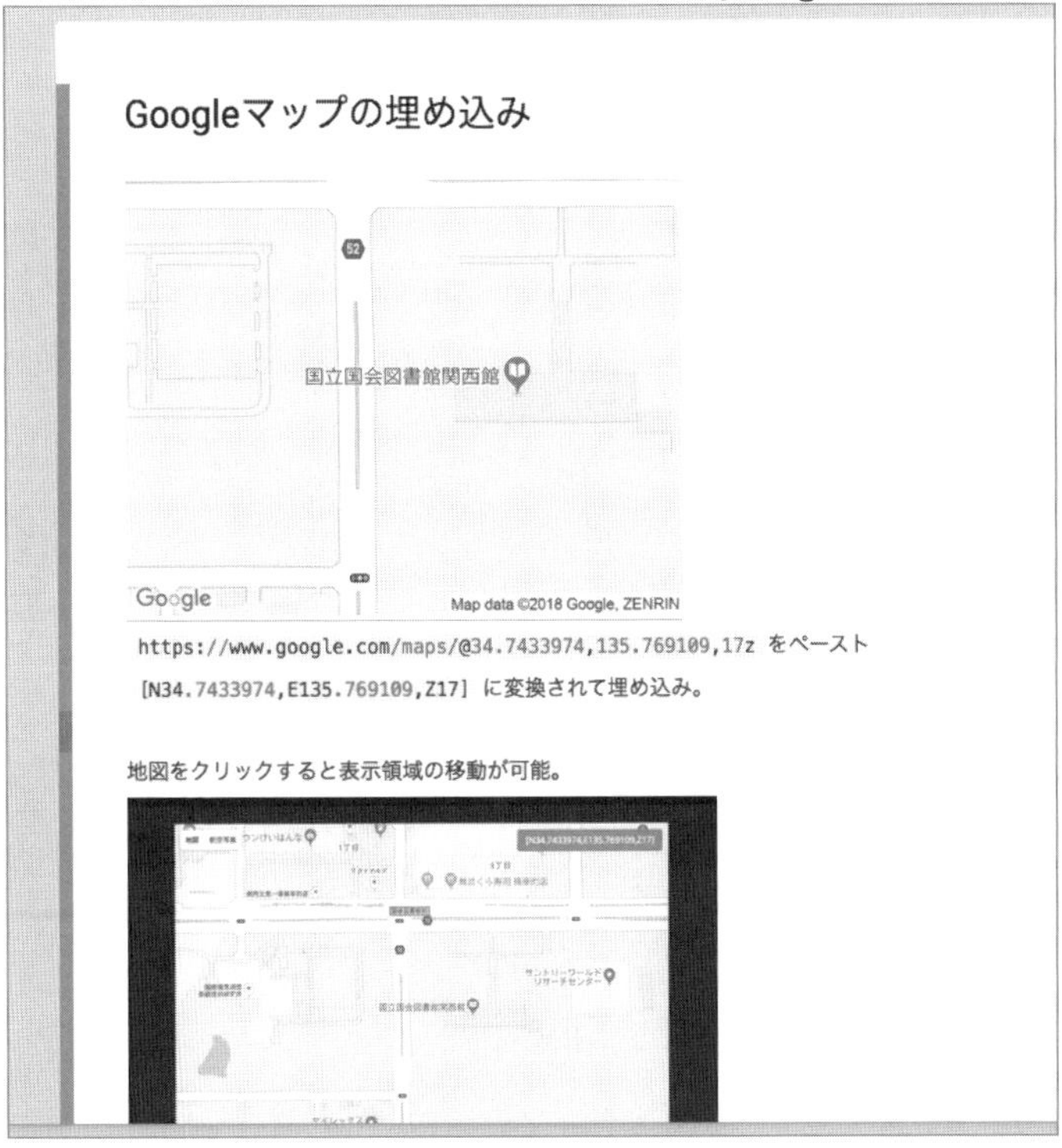

本文への入力要素については、以上です。URLを展開できるオブジェクトはまだ限定的ですが、今後のバージョンアップで増えていくことが期待できます。

Gyazoとは

Gyazoについて気になる方のために、補足として説明しておきます。

- Gyazo

https://gyazo.com/

GyazoはScrapboxの開発元であるNOTA Inc.が運営するスクリーンショット共有サービスです。パソコンの画面を切り取り、すばやくWeb上にアップロードできます。個別のURLが設定されるので、それを使うことで簡単に他の人と共有できます。

また、デスクトップ上を動画撮影して、アニメーションGIFを作成することもできます。無料版では7秒ほどの短い動画しか作成できませんが、パソコン上の簡単な操作を紹介するくらいならこれでも十分でしょう。簡単なアニメーションGIFファイルを作成できるツールは意外に少ないので、便利です。

基本的な機能は無料でも使え、より便利な機能や簡単なアクセスについてはＰＲＯ版(月額３９０円)にて提供されています。ＰＲＯ版にすると、過去にアップロードした画像すべてにアクセスできるようになり、また画像の中の文字を読み取るＯＣＲや、画像に矢印などを直接書き込める機能も使えるようになります。

Scrapboxを使う場合は、たいていの場合、Gyazoも使うことになります。保存自体は無制限なので、無料版でも問題なく使えるわけですが、画像をより高機能に扱いたい場合はＰＲＯ版への移行も視野に入れておくとよいでしょう。

SECTION 10

ページメニューについて

続いて、ページ右上にあるページメニューについて説明します。このメニューからは次のような操作が可能です。

Copy link

そのページのＵＲＬがクリップボードにコピーされます。

このメニューを使わずに、ブラウザのアドレスバーから直接、ＵＲＬをコピーした場合は、全角日本語がＵＲＬエンコードされた文字列になりますが、このメニューであれば全角日本語がそのまま表示される文字列にな

●ページメニュー項目

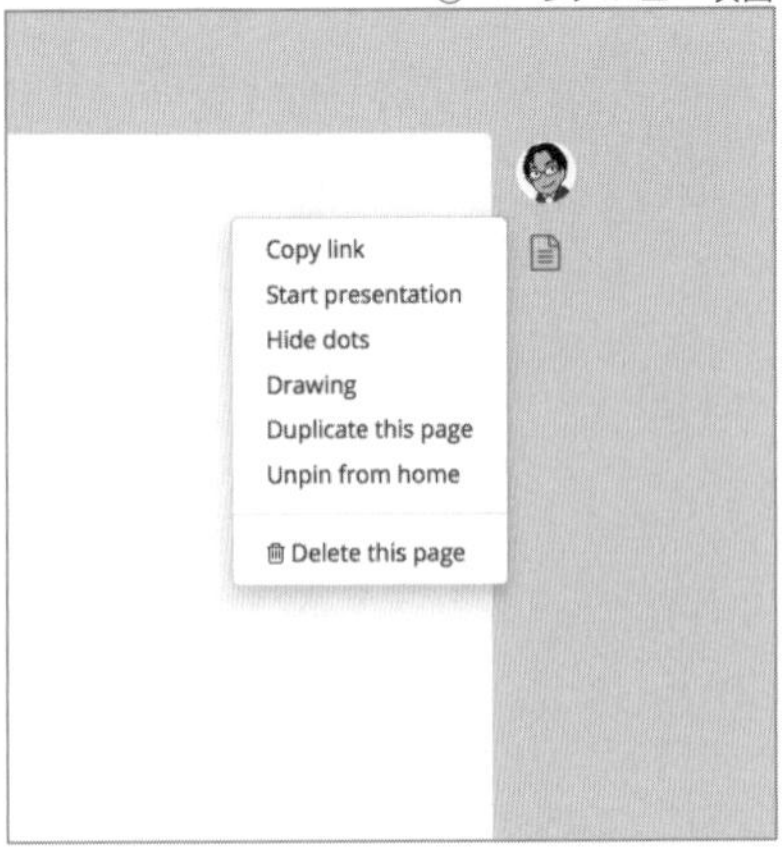

ります。

Start presentation

このメニューを選択すると、ページの見え方が変わり、プレゼンテーションに適したスタイルになります。

Scrapboxに保存した内容を他の人に見せたい場合には、パソコンやタブレットをプロジェクタにつないで、このモードを使うとよいでしょう。簡易のPowerPointやKeynoteのようなものです。クライアントへの公式なプレゼンテーションでは難しいかもしれませんが、社内やチームでの情報共有ならばこれくらい簡易でも充分でしょう。

◉プレゼンテーションモード

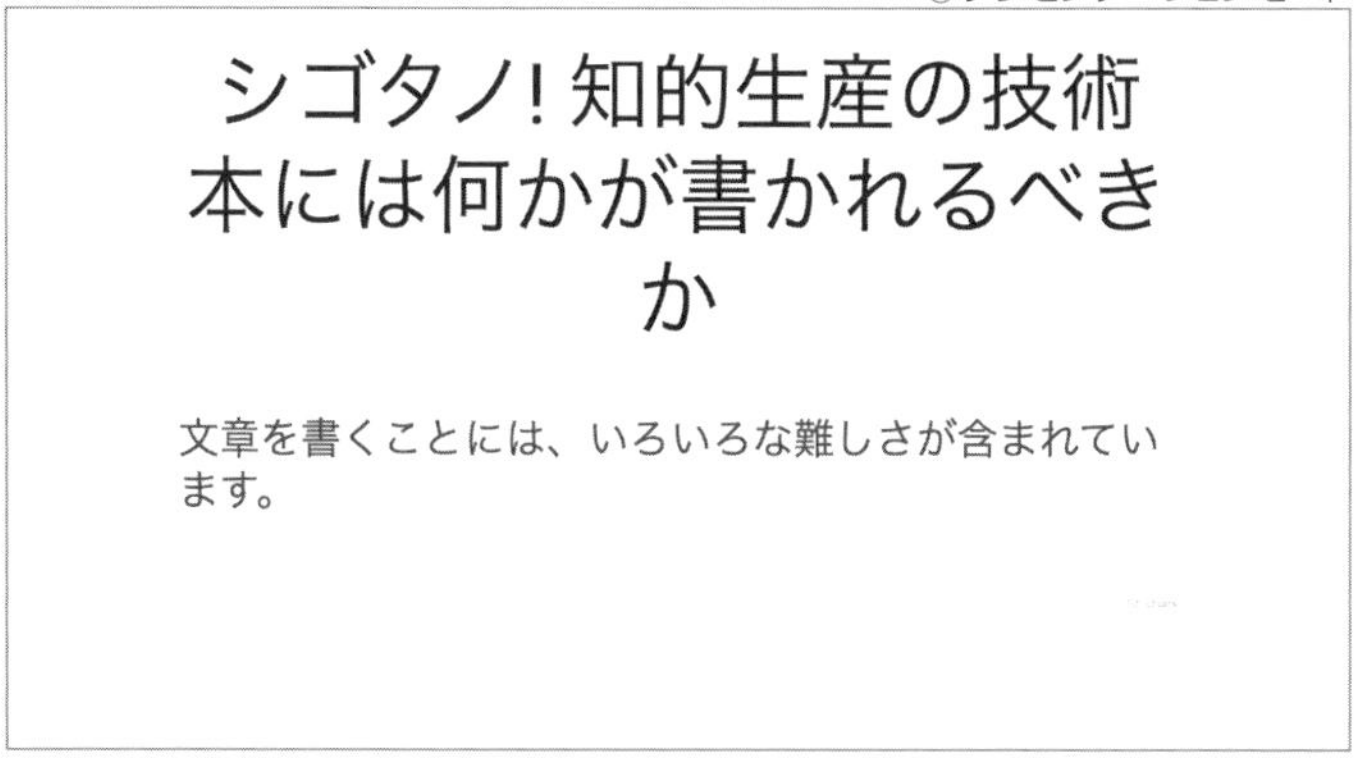
シゴタノ! 知的生産の技術 本には何かが書かれるべきか
文章を書くことには、いろいろな難しさが含まれています。

また、普段、Scrapboxに知見を集めているなら、それらを再編するだけでスライドが作れるのもポイントです。いちいち情報を移し替えたり変換したりする必要がなく、単にいくつかのページから情報をコピーしてくればスライドが完成します。非常に簡潔です。なお、空白行がスライドのページの区切りになります。

スライドの操作は、左右キーがスライドの進行、上下キーがスライドのスクロール、ESCキーがプレゼンテーションモードの終了です。

Hide dot

前述した通り、Scrapboxでは行頭でスペースやタブを入力すると、その行が箇条書きになり、行頭にバレット(dot)が表示されます。

メニューで「Hide dot」を選択すると、このバレットが消えます。ただし、変化するのは見た目だけであり、行やブロックに対する操作は通常通り行えます。もう一度選択すると(「show dot」)、バレットが復活します。

Drawing

描画モードに入ります。

描画モードではマウスやタッチペンで自由に図が描けます。左上のボタンから線の太さと消しゴムが選べます。

ものすごく簡易なことしかできませんが、ちょっとした図解であれば、いちいち描写アプリなどを立ち上げずとも、このDrawing機能で充分に事足ります。

右上のUploadボタンをクリックすると、その画像がGyazoで保存され、そのリンクがページに挿入されます。

◉Drawingモードの例

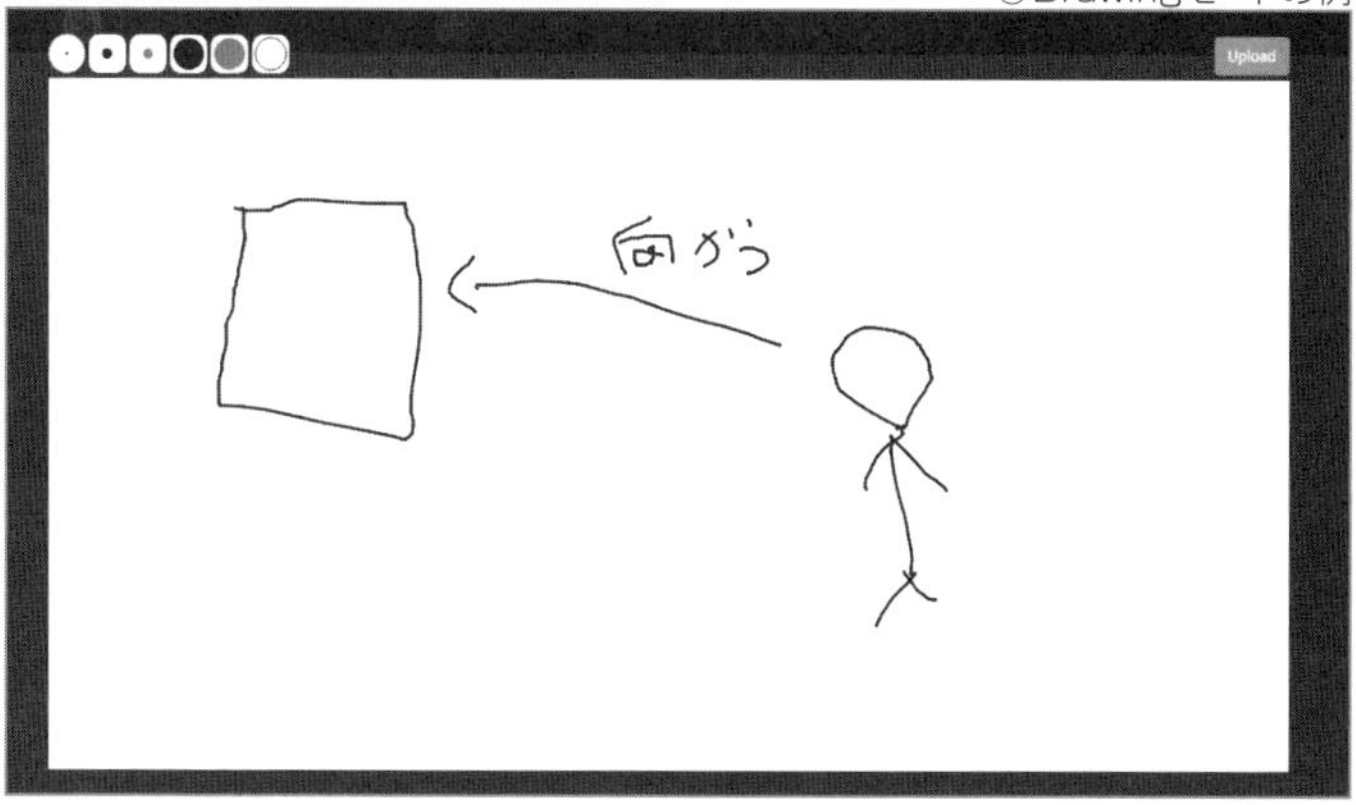

Duplicate thie page

表示しているページを複製します（コピーを作ります）。内容がまったく同じで、タイトルだけ少し異なるページが作成されます。

Pin at home

ページにピンを打ちます。ピンが打たれたページは、ホーム画面での表示位置がトップに固定されます。どのようなソート順が選択されても、表示位置は変わりません。

ページにピンを打つと、ホーム画面でのサムネイル表示も少し変わります。右上の角が折れ、すぐにそれとわかるようになります。重要なページ、頻繁に利用するページなどにピンを打っておくとよいでしょう。

ピンを外す場合は、メニューから「Unpin from home」を選択します。

ピンは複数のページに打てますが、本書執筆時点では、ピンが打たれたページの順番を入れ換えることはできませんので、任意の順番に並べ換えるには、一度ピンを外して、もう一度打つ、という操作が必要です。

Delete this page

表示されているページを削除します。

ページメニューについては以上です。続いて、ページの下部に表示される「関連ページ」の説明に進みましょう。

SECTION 11

関連ページ領域

Scrapboxのユーザーインターフェスで、最も特徴的なのが各ページの下部の領域です。

この領域には、表示しているページとリンク関係を持つ他のページが並びます。そのようなページ群のことを「関連ページ」と呼びます。

これを詳しく見ていきましょう。

◉関連ページ領域

関連ページに表示されるもの

「関連ページ」に表示されるページは2種類あります。1つは、そのページからリンクを張っているページと、そのページにリンクを張っているページです。それらは「Links」という項目にまとめて表示されます。

もう1つが、そのページがリンクしているページにリンクしている別のページです。言葉にするとややこしいのですが、次ページの図をみればすぐにわかるでしょう。

言い換えれば、1つのページにリンクしているページの一覧が「関連ページ」として表示されます。これはいわゆる「カテゴリ」として機能してくれます。

●Linksのイメージ

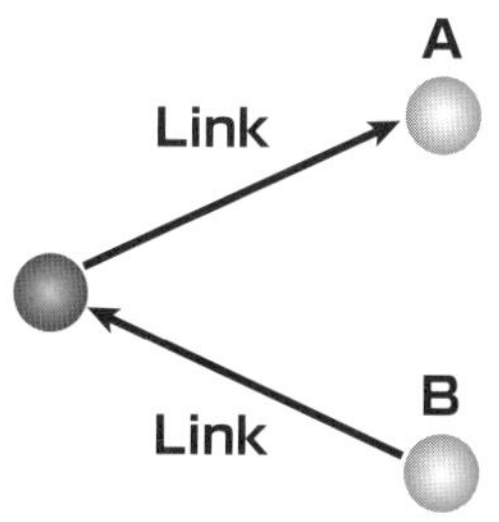

A、Bが関連ページに表示される

この2種類の「関連ページ」により、Scrapboxのページはゆるやかで広いつながりを有することになります。

リンクが接続するページ

関連ページが表示されることで、1つのページから別のページへと渡り歩けるようになります。情報の網の目をたどる探索活動が行えるのです。

もし、関連ページに直接のリンク関係があるページしか表示されないなら、情報探索行為も限定的な広がりに留まるでしょう。極めて近い関係性を持つ情報しか表示されないからです。

しかし、Scrapboxでは1つ先のリン

◉2ステップ先のリンクのイメージ

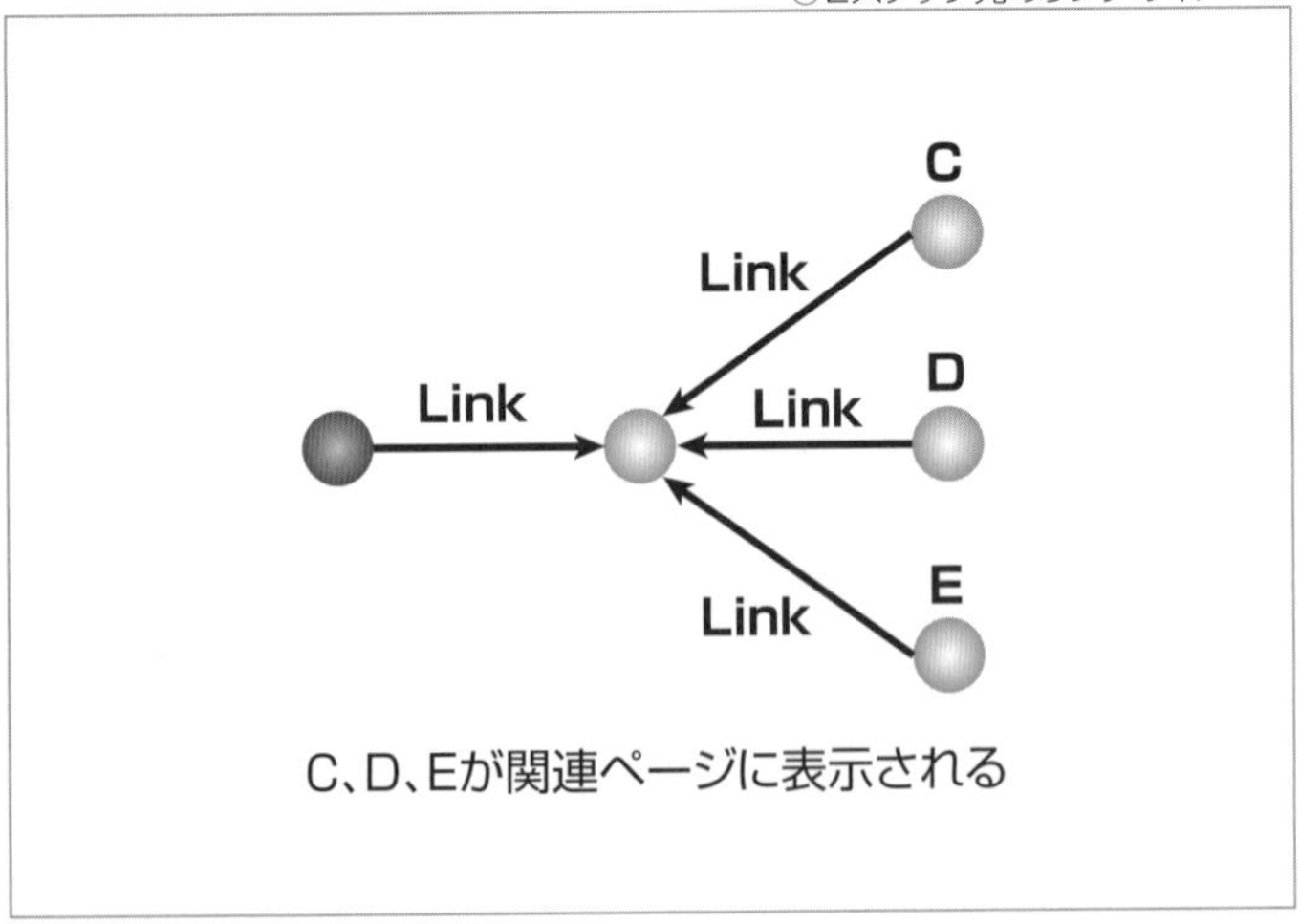

クのページも表示されます。1ステップではなく2ステップ先にある情報も表示されるのです。人間関係で言えば、「友達の友達」にあたる情報が表示されます。

たとえば、あるページが「Scrapboxの使い方」というページとリンクしていたとしましょう。すると関連ページには、「Scrapboxの使い方」にリンクしているページ群が表示されます。それは別の使い方に関するページかもしれませんし、他のツールの使い方に関するページかもしれません。どちらにせよ、やや距離の離れた、しかし関係のある情報群です。

そのような少し離れた情報へのリンクが表示されることで、情報に広がりが生まれます。そして、その広がりの中を、リンクを踏みながら探索していく行為には、本のように最初から最後まで順序立てて構成されたコンテンツを読み進めていくのとはまた違った面白さ、楽しさ、有用さがあります。Scrapboxはまさにそれを提供してくれる情報整理ツールです。

情報がリンクによって接続され、ユーザーはそれを経由しながら情報群を探索できる——Scrapboxはそうした環境を作り上げられるツールです。

SECTION 12

本章のまとめ

Scrapboxはともかく簡単です。登場するパーツは、「ページ」や「リンク」などインターネットを使ったことがある人ならば馴染みのものばかりですし、ページの表示と編集画面が一体化しているので、シームレスに編集していけます。特殊な記法についても少しルールを覚えれば使っていけますし、ページタイトルの候補が提示されるのでうろ覚えであってもなんとかなります。画像もドラッグすれば貼り付けられるので、込み入った操作は必要ありません。「誰でも」と言うと語弊はあるでしょうが、コンピュータに卓越していなくても使っていけるのがScrapboxです。

また、箇条書きがすぐにスタートでき、行やブロック単位での操作できるので、とりあえず書いておき、あとから整えることもやりやすくなっています。あとの章で述べますが、この点は極めて重要です。

さらに、同一プロジェクトに属する他ページへのリンクが驚くほど簡単に作成できます。むしろページリンクを最も簡単に作れるように、それ以外の記法が調整されていると言ってもいいくらいです。それくらい簡易・簡潔にページリンクが作れるようになっています。そして、そのリンクにより「関連ページ」が表示されます。

では、なぜScrapboxではこのようなリンクベースの表示形式になっているのでしょうか。それについては、次章で考えてみましょう。

Column

ドッグフーディングによる開発の妙

Scrapboxは、「ドッグフーディング」という手法で開発されています。

ドッグフーディングとは、開発者自身がその製品やサービスを日常的に使うことを意味し、Scrapboxを提供するNOTA Inc.でも、Scrapboxが実際に使われています。

この「ドッグフーディング」の語源は諸説あるようで、ドッグフードのセールスマンが自分でそのドッグフードを食べて質の高さをアピールしていたというものと、ドッグフードのコマーシャルをしていた有名な俳優さんが、ただ宣伝するだけでなく、自分が飼っている犬にもそのドッグフードを食べさせていたという逸話があります。どちらにせよ、作る人や売る人が、その製品やサービスを利用しているという点は共通しています。

日常的にその製品を使っていれば、製品が持つ問題点がはっきりわかります。しかも実際にユーザーが使う上での問題点がわかるのです。製品開発においてユーザー視点に立つことの重要性はよく語られますが、よく語られるということはついつい開発者の都合で開発が進められることが多いということでしょう。もちろんその際には、ユーザー視点は置き去りにされ、使いやすさとは縁遠い機能や、誰が使うのかまったくわからない機能が追加されてしまうわけです。

その点、開発者自身が日常的に使っていれば、開発者=ユーザーなのですから、改めてユーザー視点に立つ必要はありません。言い換えれば、自分が使いやすいように改善していけば、ユーザーが使いやすいツールに変わっていくわけです。

だからなのでしょう。Scrapboxを使っていると、非常に細かい部分においても、「そうそう、こうなってほしい」という機能が実装されていることに気が付きます。「かゆいところに手が届く」というより、「かゆいところに手がある」という感覚なのです。

CHAPTER-2

Scrapboxは ネットワーク構造で 情報を整理する

SECTION 13

Scrapboxと情報整理

本章では、情報とその整理について考えてみます。その上で、Scrapboxを使っていく上でのコツを紹介します。

前章で紹介した通り、Scrapboxはリンクが簡単に作成でき、またその情報に基づいた関連ページが表示されるようになっています。

その代わり、従来の情報整理ツールのような段階的な階層を持ちません。たとえば、パソコンにおけるファイル管理のように、フォルダの中にフォルダを作り、またその中にフォルダを作るといった情報分類ができません。プロジェクトを複数作ることはできても、1つのプロジェクトの中ではすべてのページはフラットに並んでいます。

なぜ、Scrapboxはこのような形になっているのでしょうか。なぜ、階層構造を作らないのでしょうか。そんな体制で情報を整理できるのでしょうか。

もちろん答えはイエスなのですが、その答えに至る前に、まずは情報整理について考えてみましょう。なぜ私たちは情報を整理するのか。そもそも整理とは何か。情報を整理するとは一体何を意味するのか。それについて考えてみることで、Scrapboxが目指している場所が見えてくるはずです。

●階層構造とフラット構造

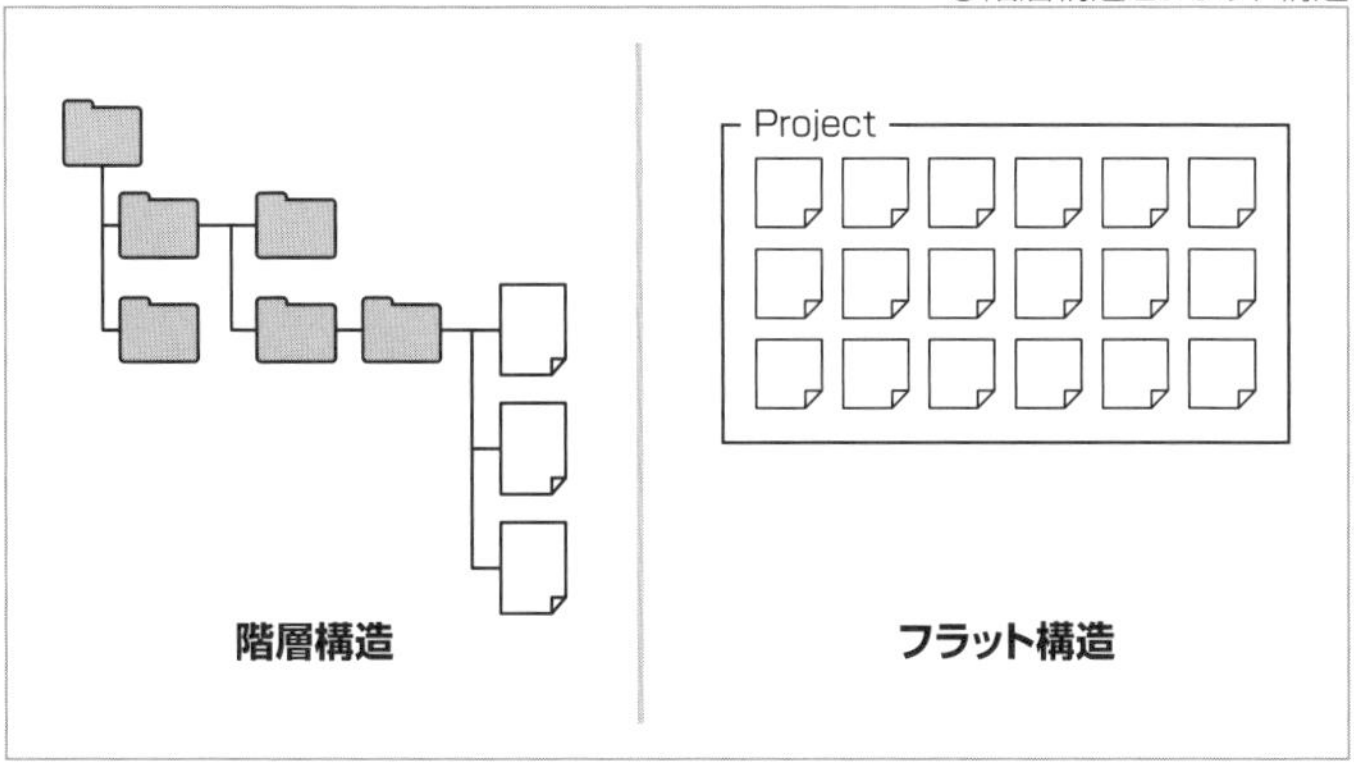

SECTION 14

情報整理について

まず情報について考えてみましょう。一般的に情報は、2つの側面から理解されます。通信工学で扱われるような意味を持たない情報と、知識やノウハウといった意味を持つ情報です。私たちは別にサーバーと通信しているわけではありませんから、考えたいのは後者の情報です。

情報と物質

知識やノウハウといった情報は、それ自身、実体を持ちません。よって私たちが情報を扱うときは、物質に固着させてそれを行います。古代では木片に文字が刻まれたでしょうし、現代では紙にペンで言葉を記します。パソコンでさえ、メモリにデータを書き込むからこそ、情報を保存して操作ができます。そもそも、私たちの脳も1つの物質です。

情報そのものには、姿がありません。私たちは、情報を扱うときに、物質を介在させます。まずこれが確認しておきたい1つ目の要素です。

整理について

次に整理です。整理とは、理《ことわり》つまり、ルール（機序）を持って整えることです。では、なぜルールを用いる必要があるのでしょうか。それは、「使う」ためです。そして、この「使う」にも、いくつかパターンがあります。

1つは、分析のための整理です。情報を一定の秩序に沿って並べることにより、そこにある背景や構造などを明らかにすること。たとえば、ドミトリ・メンデレーエフは元素を原子量順に並べた「周期表」を考案することで、それぞれの元素の振る舞いを精緻に理解する手法を獲得しました。単に今確認されている元素だけでなく、おそらく存在するはずであろう元素までその周期表には書き込まれており、実際にそれは後年、発見されました。並べたからこそ、分析できたのです。

ビジネスの現場でよく使われるフレームワークもこれと同じような整理です。個々の情報を要素とし、そこから全体の関係性を見出すこと。言い換えれば、1つ上の階層にある新しい情報を取り出すこと。そうした整理が1つ目です。

取り出す整理

もう1つの整理はもっと単純です。あとから取り出すために行われる整理です。一定のルールに準拠して情報が配置されていれば、そのルールを逆にたどることで、情報を見つけ出せるようになります。「フランス文学に関する本は、海外文学カテゴリの中に置かれる」というルールを知っていれば、フランス文学の本が必要になった際、海外文学カテゴリの中を探索できます。当たり前のことを書いているようですが、ルールを知っているからこそ、そのルールに沿って情報を探せる、というのは実は大切なことです。

この整理において最も重要なことは、「あとから取り出せること」です。それに尽きます。それさえ叶うならば、たとえ見た目が片付いていなくても問題ありません。作業机の上に書類が散乱していても、必要な情報が即座に取り出せるなら、そこは「整理されている」と言えます。実際は「即座」に取り出せる必要すらありません。最低限の許容範囲時間内で見つけ出せれば、充分整理されていると言えます。

この点が、先ほどの分析的整理との違いです。分析的整理では、きれいに配置されているからこそ、新しい情報を発見できるのですが、こちらの整理では見た目が整っている必要はありません。ごちゃごちゃであっても構わないのです。

『知的生産の技術』（岩波書店刊）の中で、梅棹忠夫さんは次のように書かれています。

> 整理というのは、ちらばっているものを目ざわりにならないように、きれいにかたづけることではない。それはむしろ整頓というべきであろう。ものごとがよく整理されているというのは、みた目にはともかく、必要なものが必要なときにすぐにとりだせるようになっている、ということだとおもう。

見た目がきちんと片付いていて、しかも必要なものが取り出せる状況にすることを、「整理整頓」と言いますが、整理の実体から考えれば、この2つはセットになっていなくても構いません。「整理不整頓」もありえるわけです。

SECTION 15

情報整理の歴史

さて、ここまでの「情報」と「整理」の話を踏まえた上で、私たちの情報整理の歩みを振り返ってみましょう。

情報整理1・0

情報整理の黎明期は、物ベースによる整理です。あるいは場所ベースの整理と言えるかもしれません。

最初に書いたように、情報は物質に固着させることにより操作が可能となります。そして、デジタルツールがない時代においては、その物質性は多大に影響していました。1台のノートパソコンに入る情報は、紙のノートに移し替えると、凄まじい冊数になります。1つの情報を扱うために必要とされる物質量が多い、ということです。

当然、そのような状況においては、情報の整理は、物の整理を通して行われます。そして、物の整理では、一般的に場所をキーにしたルール作りが行われます。置き場所を決めて、そこに保存しておくという整理です。その際には、使う場所に置いておくというルールがよく用いられます。たとえば、家の電話機のすぐそばにアドレス帳を置いておく、といったことです。

この考え方は、階層構造（ツリー構造）にうまくフィットします。たとえば、住所を考えてみましょう。住所の表現は、ツリー構造になっています。○○県○○市○○4−53。きれいな階層構造です。家の中の、キッチンの、2番目の引き出しに置いておく。これが階層的な整理であることは言うまでもないでしょう。つまり、場所による整理は、ツリー構造の整理とぴたり符合します。

しかし、このやり方には問題もあります。情報に関しては、何に使うのかを事前に、あるいは一意に定められないものがあるのです。知識やアイデアといったものがその代表例です。

純粋な物であれば、その整理はあまり難しくないのですが、それはそうした物がたいてい製品(道具)だからです。製品とは、ある目的に向かって作られたアイテムのことであり、その目的に沿う場所に置いておけば、整理としては問題ありません。包丁や果物ナイフはキッチンに置いておけばよいわけですし、水道のホースは蛇口の近くに収納しておけばよいわけです。極めてわかりやすく整理できます。

では、ナイフをコレクション目的で収集しているならばどうでしょうか。その場合は、キッチンではなく、自分の書斎や倉庫に保存すればよいでしょう。この場合の用途は、切ることではなく鑑賞なので、それに合わせた場所に保存することになります。これも簡単な話です。

しかし、集めているナイフを実際に使いながらも鑑賞したいとなると問題が生じ始めます。キッチンを機能的に使いたいならば、置けるものの数は限定されますが、それではコレクションを愛でる楽しさが半減してしまいます。

つまり、使い方が多様になれば、「使う場所に合わせて1カ所に置いておく」やり方は機能しにくくなるのです。

また、河原で拾ってきた石ころのように、そもそも何に使うのかわからないようなものの扱いも、場所による整理は得意ではありません。機能を特定できない以上、適切な場所を定められないからです。

これと同じ問題が情報整理においても生じます。複数の役割を持っていたり、事前に用途がはっきりしないものは、保存する場所を決めにくいのです。知識やアイデアといった情報の扱いでは、顕著にその困難さが露呈します。

たとえば、デジタルデータであっても、アプリケーションであれば整理は難しくありません。それは道具であり、用途に合わせた整理が可能です。しかし、知識やアイデアは同じようには扱えません。少なくとも、同じように扱おうとすると相当な困難が生じます。

そこに解をもたらしたのが、第二の情報整理です。

情報整理2・0

先ほども述べた、階層構造による情報整理が持つ弱点は、野口悠紀雄さんが『「超」整理法』(中央公論社刊)の中で明らかにされています。そこでは、コウモリ問題や、君の名はシンドロームなど、情報整理に関する数々の問題が指摘されています。その問題を克服するために考案されたのが、時間（時系列）による保存です。あるいは、意識の流れに沿った保存と言えるかもしれません。

時間による保存とは、情報を分類し、別々に分けて保存するのではなく、1カ所に集め、それを時系列で並べていく方式です。

最も有名な手法が、野口悠紀雄さんの「押し出しファイリング」でしょう。書類などを封筒にまとめ、それを1つの棚に並べていく整理法です。棚から取り出し参照した封筒は最新の場所に戻されるので、書類の順番は常に更新されることになります。意識されたものがトップにくるわけです。

この整理法の骨子には、最近使ったものほど、近々利用される可能性が高い、という原理があり、その有用性は『アルゴリズム思考術』（早川書房刊）でも確認されています。完全ではないが、相当に良い結果を出す方法だという評価です。パソコンのアプリケーションで「最近使ったファイル」が表示されるのも、この原理が背景にあります。

情報カードの普及の立役者でもある梅棹忠夫さんも、「分類するな、配列せよ。重要なのは検索」だと述べられています。

役割に合わせた置き場所を決めず、情報(情報を保存する物質)を一列にずらっと並べてしまう。そして、その中から「検索」する、というのが情報整理2・0です。

現代で検索といえば、Googleなどの検索サイトにキーワードを打ち込んで、目的のページを探す行為が連想されますが、本来、検索とは、データの集合の中から目的のデータを探し出す行為全般を指し、たとえば、箱に並んだ文献カードから目的の本が記載されたカードを目視で探していくことも、検索に含まれます。

デジタルになって、この検索が飛躍的にやりやすくなりました。先ほど挙げたGoogleが筆頭ですが、それ以外にもデジタルのテキスト情報には、キーワード検索が効きますし、最近ではアナログの文字もスキャンし、OCRをかけることでキーワード検索ができるようになっています。

ただし、カードや封筒を一列に並べる方法は、まだ物に比重が残る情報整理だと言えるでしょう。これに大きな変化を与えたのが、デジタルメディアです。

情報整理3・0

配列による情報整理の流れをくみ、さらに発展させたものが、情報整理3・0です。

この変化は、ハイパーリンクの登場によって生み出されました。複数の文章を結び付ける参照機能のことで、今では「リンク」と縮めて呼んだ方が通りがよいでしょう。インターネットを使った調べものが日常化している現代の私たちにとっては、意識せずに使っている機能でもあります。

Googleにキーワードを入力し、表示された検索結果からどこかのページのリンクをクリックする。さらにそのページに含まれる別のリンクをクリックして移動する。そうした行動を繰り返して目的の情報を探し出すことは、今さら説明する必要もないほど当たり前になっている情報摂取行動でしょう。

Googleの検索結果は、1つの配列です。そして、それらのページはリンクによってつながり、リンク先のページもまたリンクで別のページとつながっています。そのリンクの糸をたどることで、目的の情報へとたどり着く。このような情報探索において、私たちはそこにある階層構造を意識する必要がほとんどありません。どのような「ルール」に準拠してページが作成されているかを知らなくても、目的の情報にアクセスできるのです。

もちろん、何もしなくてもそんなことができるわけではありません。Googleは四六時中Ｗｅｂをクロールして検索結果を配列で返せるように情報収集していますし、Ｗｅｂページがリンクでたどっていけるのはページを作成した人がリンクを張っているからです。つまり、情報をリンクで接続することが、整理行為と呼べるわけです。

リンクを張る行為やリンクを使う行為においては、階層構造は無視できます。階層構造を作ってもいいのですが、リンクを使うときはそれを跳躍できるのです。

このような整理を、ネットワーク型整理と呼びましょう。

このネットワーク型の整理によって、私たちはようやく物質の制約から離れ、情報の性質に近しい整理が行えるようになりました。リンクによる参照の形を取れば、キッチンにも倉庫にもナイフを置いておけます。どちらからでも参照できるわけです。この差異は、現実に店舗を構える書店と、ネット上にある書店を比べてみればわかりやすいでしょう。ネット上にある書店は、1つの本に複数のカテゴリやキーワードを設定でき、そのどれからも本の情報を呼び出すことができます。1冊の本を1カ所にしかおけない店舗の書店とはこの点が大きく違っています。

それだけではありません。情報は、関連性を持ちます。単独で孤立している情報など存在しないといってよいでしょう。たとえば、本書は、「本」であり、「Scrapbox関連」であり、「パソコン書」であり、「技術書」であり、「知的生産の技術」であり、「著：倉下忠憲」であり「出版社：C&R研究所」であり、他にも多様な属性を持ちます。そして、それぞれの属性を持つ別の情報とつながっています。そのつながりをたどれば、似通った別の情報にアクセスできます。たとえば、Scrapboxに興味を持って本書を手にした人は、別のScrapboxに関する情報にも興味を示す可能性は高いでしょう。

つまり、情報の関連性は、情報利用の関連性になりえます。最近のWebでも、こうした「似たものを一緒に並べておく」アプローチは頻繁に利用されており、AmazonやYouTubeなどでは、ユーザーの閲覧結果に合わせて、関連するコンテンツが提示されるようになっています。

「情報を使う場所に置いておく」のが効率的だとして、配列型の押し出しファイリングでは、「最近使ったものが再び使われる可能性が高い」という推定に基づいて、情報の置き場所が決められていました。一番最近使ったものを、一番手前に置くというやり方です。

ネットワーク型の整理では、「ある情報が利用されるとき、その情報と関連性を持つ情報も利用される可能性が高い」という推定に基づいた整理が行われます。情報の関係性に、情報利用の関係性を対応させているわけです。よって、これも「使うところに置いておく」の原則に沿った情報整理だと言えるでしょう。

また、別の視点からもネットワーク型の整理は支持できます。

ポイントは、情報はただ存在しているだけでなく、それを利用する主体が存在することです。もちろん、この場合の情報の利用者は人間です。そして、私たち人間の脳は、連想が頻繁に発動します。『失われた時を求めて』(マルセル・プルースト著、集英社刊)を挙げるまでもなく、何かの思考や刺激がきっかけとなり、関連する別の出来事や物事が想起される体験は頻繁に発生しているでしょう。実際、脳の中で記憶がどのように保存されているのかは知る由もありませんが、少なくとも私たちがその記憶を「思い出す」ときは、連想がたびたび発生します。1つの記憶と別の記憶がリンクしているのです。

そう考えれば、ネットワーク型の整理は、情報が持つ連想（つながり）をそのままの形で保存する整理だと言えるかもしれません。言い換えれば、新しい情報構造の「構築」ではなく、脳内にある情報体系の「表現」と言った方が近しいでしょう。むしろ、脳内にある情報の動き方に沿って「整理」を進めていくと、自然とネットワーク型に近づいていくのかもしれません。

まとめると、情報を整理するために、階層構造を作る必要はありません。関連性・関係性に沿って、情報を提示すれば事足りることが多いのです。この場合の関係性は、客観的なもの（著者名やカテゴリなど）と、主観的なもの（連想）の2つがありますが、特に後者に沿った形で整理すると、利用者にとって苦労は小さくなります。なにせ脳が自然に思い出す（連想する）ように、情報がつながっているのですから、不自然なことをする必要がありません。このような整理は、脳における抵抗値が低いのです。

ここで大切なポイントを挙げておきます。

ポイントその1：「情報はネットワークを持つ」

複合型のScrapbox

情報整理の歩みを振り返り、3つのタイプ（場所型、配列型、ネットワーク型）について見てきました。

Scrapboxは、第三世代の情報整理ではあるのですが、それだけではありません。プロジェクトという「置き場」を作り、そのページはフラットに「配列」され、さらにページ同士はリンクでつながっています。つまり、第一から第三世代の情報整理が融合した形です。整頓による整理ではなく、組織化（オーガナイズ）による整理。そんな風に言えるかもしれません。

そしてこの整理は、「知識」の扱いに非常な適性を見せます。

SECTION 16

知識の性質

まず、情報をその性質に準じて、2種類に分類してみましょう。固定的情報と、流動的情報です。

固定的情報と流動的情報

固定的情報は、中身や役割がほとんど変化しません。たとえば、誰かの住所がそうです。もちろん引っ越しなどで変更はあるでしょうが、1秒ごとに刻々と中身が変化するなんてことはありません。また、その役割についても、「ハガキやギフトを送るために参照する」など、ほとんど固定的です。あなたがもし小説家で、架空の住所を作らなければならないとしたら、そうした住所のリストを参考にできることもあるでしょうが、そうした特殊な状況でない限り、住所情報の役割が劇的に変化することはありません。

こうした固定的な情報は、どんな整理方法であっても問題なく管理できます。場所による整理であってもうまく機能します。

対して流動的情報は、中身や役割が変化します。時間とともに内容がバージョンアップするだけでなく、その用途も変化します。このような性質を持つ情報は、固定的な構造で扱うのが困難で、無理にそうしようと思えば、大規模な変換を余儀なくされます。変化するものを変化しないように押さえ付ける苦労が発生するのです。

そして、「知識」と呼ばれる情報は、流動的情報に属します。

知識は再編され続ける

今井むつみさんの『学びとは何か——〈探究人〉になるために』（岩波書店刊）では、私たちがどのようにして知識を獲得していくかについての面白いモデルが紹介されています。一般的に、何かを学ぶ・知識を得るというと、すでにある知識のブロックに新しい知識を追加していく印象があるのではないでしょうか。そのようなモデルに、著者は「ドネル・ケバブモデル」というおいしそうな名前を付けました。ペタペタと一枚一枚肉を貼り付けていくようなイメージです。

しかし、そうしたモデルは、生きた知識のモデルとしてはふさわしくないと著者は言います。単なる追加ではなく、むしろ知識のネットワークが再編していくイメージが近しいというのです。たとえば、漠然と赤色と呼んでいたものが、「オレンジ」という言葉を知ることで、これまでとは違う呼び方をされるようになります。その際、単にオレンジという新しい色の名前を知るだけでなく、これまで赤色と呼んでいた対象に変化が生じるのです。言い換えれば、新しく知識を得ることで、既存の知識の中身が変わってしまうのです。小さな子どもが、目に付く大きくて動くものすべてを「新幹線」と呼んでいたのに、「自動車」や「飛行機」という言葉を知ると、それらを「新幹線」とは呼ばなくなるのも同じ現象です。「自動車」や「飛行機」の定義の獲得が、「新幹線」の定義も変えてしまうのです。その最も極端な例が、「パラダイムシフト」と呼ばれる現象で、古くは天動説、最近では量子力学の発見がそれに相当します。既存の知識体系を一新してしまうような新しい知識の獲得があるのです。

人は、新しく知識を獲得したときに、「正確」にそれを習得するわけではありません。子どもがあらゆるものを「新幹線」と呼ぶように、そこには大胆な推測(「大きくて動くものは、新幹線に違いない」)が働いています。そこに新しい経験が加わると「(「あれは自動車と呼ぶんですよ」)その推測が修正され、新しい知識が獲得されます。このような知識獲得のプロセスは、単独のブロックを積み上げていくものではなく、ネットワークの再編に近しいものです。

情報は関係性を持つと前述しましたが、もちろん知識も同様です。「新幹線は、自動車でも飛行機でもないが、電車の仲間ではある」のように、ネットワークを持つのです。そして、そのネットワークは、新しい体験と共に再編されていきます。むしろ、その再編こそが「生きた知識」を入手する方法であると、今井むつみさんは述べられています。

つまり、知識は単にネットワークを形成しているだけでなく、その組み合わせ方が変わるものなのです。その再編は、当人が学び続けてる限り、途切れることはありません。いつでも変化する可能性を秘めています。

この点が、階層構造において知識を管理することの難しさを生みます。

収められた知識が多くなればなるほど、それを保存するための階層は深くなり、また込み入ってきます。すると、新しい知識が加わり、その構造を再編しなければならないときに、大きなコストが必要となります。少しイメージしてみてください。巨大な木の幹をバラバラに分解して、新しく組み替える作業です。その木があまりにも大きければ、そして、その変化が頻繁に起こるならば、いつかはお手上げになるでしょう。そうなると、新しい知識は、すでにある構造の中に取り込まれるだけになってしまいます。英語の単語を丸暗記するような知識の追加、つまり「ドネル・ケバブモデル」になってしまうのです。これでは、知識を活かしていくことは難しいでしょう。この点が、問題なわけです。

単に分類して収めるだけならば、ツリー構造でも問題ありません。しかし、新しい項目を取り込むうちにその構造自体が変化していくならば、その変化を実行するためのコストが充分に小さくなければなりません。再帰的な階層構造(ツリー構造)は、大きくなればなるほど、全体の整合性をとるのが難しくなり、同時に変化のためのコストも大きくなります。

ネットワーク構造であれば、その再編は接続しているリンクを切り替えるだけで済みます。むろん、その作業にもコストがかかりますが、収められた情報量がかなり大きくなったとしても、変更作業は小さくて済み、それにかかる手間も肥大化しません。ツリー構造のような大ごとにはならないわけです。その情報がそれまでリンクしてた対象との関係性を変更し、新しい対象と接続すれば済みます。その他の情報については、一切触る必要がありません。この点が、ネットワーク型の方が、知識を取り扱いやすい理由です。

2つめのポイントです。

ポイントその2：生きた知識ネットワークは再編され続ける

隠れた知識

もう1つ、押さえておきたいことがあります。それが「隠れた知識」です。

この世に存在する知識やノウハウの大半は、人間の頭の中に収められています。そして、人間ひとりの脳に蓄えられる知識の量には限界があります。どれほどの天才であっても、百科事典には勝てないでしょう。

しかし、現実的に、私たちは1人の人間が持てる量以上の知識やノウハウで作られた製品を手にしています。私たちの社会には、企業が作り出したそうした製品が大量に並んでいます。いったい、どのようにしてそうした製品は生み出されているのでしょうか。その答えがチームやグループの存在です。企業は、知識を持つ個人をネットワークすることで、個人が持てる量以上の知識を保持しています。『情報と秩序』（早川書房刊）のセザー・ヒルダゴの言葉を借りれば、知識やノウハウは「人間やそのネットワークに具象化」されています。言い換えれば、人の組織化を通して、知識の組織化を行っているわけです。

この知識の組織化をいかに実行していくのかは、これまでも重要でしたし、これからもっと重要になっていくでしょう。より高度な製品、より新しいサービスを開発するためには、複数の知を結び付けるネットワークの構築が必要です。これはいわゆるナレッジマネジメントの領域なのですが、達成には難しさもあります。少なくとも、人を集めれば、それだけで知識がネットワークされるわけではない、ということは確かです。多くの企業でも、ナレッジマネジメントの理念だけが先行して、なかなか実際的な成果が上がっていないところは多いのではないでしょうか。むしろ、全員参加ではなく、特定の個人の頑張りだけで支えられている状況もあるかもしれません。

ナレッジマネジメントの大きな問題の1つは、人が持つ知識やノウハウは、即座に言葉にできるものだけで構成されているわけではない、という点です。言葉にならない、あるいはしにくい知識がたくさんあります。ポランニーは『暗黙知の次元』（筑摩書房刊）の中で、「人は言葉にできるより多くのことを知ることができる」と述べていますが、たとえば、私たちは知人の顔をその他の多数の顔の中から一発で見分けられるのに、どのようにしてそれを行っているのかは説明できません。その人の顔を描写することすら困難な場合が大半です。「見分ける」という技能（アクション）はできるのに、それを構成する知識は言明できないのです。

人間の内側には、そのような暗黙のうちに働いて、なかなか意識できない知識がたくさんあります。それが「暗黙知」です。

とは言え、「その人の眉毛はどんな形でしたか？　目はどうでしょう？」のように尋ねられれば、いくつか特徴を記述することはできるでしょう。そんな問答を繰り返して、似顔絵（モンタージュ）を作成する技法もあります。そして、完成した似顔絵を用いれば、別の人でもその知人を見分けられるようになります。

ここで注意したいのは、その似顔絵は、当人の中に潜伏する暗黙知と同じではない、という点です。人は、誰かの顔を思い浮かべてから、その顔のイメージと照合して、人物を判別しているわけではありません。何かしらの特徴やパターン認識の総合的な結果として、誰かが誰かだとわかるのです。

しかし、その似顔絵そのものが暗黙知でなくても、人を見分けることはできますし、また、そうして見分けることを繰り返していけば、いずれかはその人も似顔絵なしで見分けられるようになるはずです。ここまでくれば、暗黙知がある人から別の人へ移動したことになります。

このように暗黙知であっても、まったく操作できないわけではありません。ある種の操作・変換を通すことで、他の人にも扱えるようにすることは可能です。そして、そのような操作こそが、チームやグループにおけるナレッジマネジメントにおいて必要となります。なにせ人は普段、自分の持っている知識を意識していないので、「ここに持っている知識を入れておいてくださいね」と言われてもうまく取り出せないのです。しかも、その知識やノウハウに習熟していれば習熟しているほど（つまり、無意識で行えるものほど）集めにくくなります。実に厄介な問題です。

そこにアプローチしたのが、野中郁次郎さんと竹内弘高さんの『知識創造企業』（東洋経済新報社刊）です。この本では、暗黙知と対比する形で形式知を定義し（あるいは形式知と対比できる形で暗黙知を定義し直し）、その2つの知識形態を変換するためのＳＥＣＩモデルが提案されています。

このモデルは、ナレッジマネジメントにおける素晴らしいモデルの1つなのですが、実行するのは簡単ではありません。このモデルを用いた組織的知識創造（知識スパイラル）を促進する5つの要件として、「意図」「自律性」「ゆらぎと創造的なカオス」「冗長性」「最小有効多様性」が挙げられているのですが、これらが担保されないことが多いのです。特に、管理者の権限が強く、場を制御しようとしすぎると、「自律性」「ゆらぎと創造的なカオス」が途端に損なわれてしまいます。もしかしたら「形式知」という名前がよくないのかもしれません。この名前はいかにも「適切なフォーマットで整えた知識」という印象を与えます。たしかに、最終的にはそうしてフォーマッティングすることは必要なのかもしれませんが、そうして整える前段階として、生煮えの、言い換えればただ書き出されただけの知識（記述知）がたくさん集まってこその話です。全体を統制しようとしすぎると、そのような記述知が萎縮して出てこなくなります。

また、暗黙知は意識されないのですが、外部刺激に触発される形で意識されることがあります。たとえば誰かが「○○はAです」と書いているのを見たら、「いやAではなくてBだ」と思い付くかもしれません。その記述を見るまでは「○○はBである」は自分の中では当たり前すぎてまったく意識していなかったのに、記述に触発される形で知識が表面化したのです。わかりやすく言えば、ツッコミによって知識が表出したのです。同じことは、インタビューでもよく起こります。「どうされていますか?」「なぜそれをやっているのですか?」と尋ねられてはじめて、自分の方法や動機に意識が向き、それが言葉として出てくることがあります。もちろん、最初に言葉にされるものが正確であるとは限りませんが、少しずつ修正を重ねていけば、正確なものに近づいていけます。

このように、記述される知識は、記述された知識に反応することで頭の中から引っ張り出されることが多くあります。そして、そのような知識をたくさん集めることが知識創造の第一歩であり、暗黙知の交換の第一歩にもなります。

このようなことを考えると、人が持つ知識をネットワークするためには、「いかに気楽に(あるいは気安く)書けるか」が重要であることが見えてきます。少なくとも管理者が階層構造を作り、「ここにはこれだけを書いてください。ルールに反するものはいっさい削除します」のような態度をとれば、人の奥にある知識は、眠ったままになることでしょう。むしろ、フラットになんでも書ける雰囲気の方が知識を引き出す役に立ちます。

知識とScrapbox

まとめておきましょう。情報整理を行う上で、気を付けておきたい知識の特徴は次の3点です。

- 知識はネットワークである
- 知識は再編され続ける
- 知識は隠されている

この観点から、もう一度Scrapboxの特徴・機能を振り返ってみましょう。

まず、Scrapboxでは、ネットワークによる情報整理が行えます。さらに、ページリンクの作成が容易であり、ページの書き換え作業も簡単に行えます。つまり、内容の更新やネットワークの再編に大きな操作を必要としません。さらに、複数人が参加でき、また誰でもが簡単に書き込めるので、さまざまな人から知見を引き出せるようになっています。入力方法も簡易であり、階層構造を意識しなくていいので、頭の中に浮かんだことを、そのままに書き出すことができます。それは脳の負荷が小さい状態で使えることを意味し、結果的によりたくさんの情報がScrapboxに集まってくることも意味します。

まさに知識を集める、知をコラボレーションするのにぴったりなツールなのです。

SECTION 17

Scrapboxの書き方のコツ

ここまでの話を踏まえた上で、Scrapboxを使うコツを提案してみましょう。

Scrap（破片・断片）ベース

ScrapboxのScrapは「破片」や「断片」という意味です。その名の通り、小さな破片を意識して情報を保存すると、使い勝手が上がります。つまり、1つのページに長々と記述し、複数の項目を詰め込む代わりに、それぞれを個別のページとして独立的に作成し、リンクでつなげることを意識するわけです。

細かく区切っておいた方が、リンクしやすくなりますし、読む人もゲンナリすることがなくなり、要点を捉えやすくなります。この点は、複数人でプロジェクトを運営する際にも重要です。

たとえば、スターウォーズのような歴史のある作品の場合、そのウィキペディアページは1つですべてをまとめるのではなく「スターウォーズの登場人物」などのように切り分けた上で、リンクされています。これと同じような感覚でページを作っていくのがよいでしょう。大規模なものに限らず、1行から数行程度のページがあってもまったく構いません。そのページの内容だけで機能する、最小単位のまとまりを意識することです。そして、そこにリンクを付け加えていきます。

この作り方は、プログラマの方であればオブジェクト指向をイメージされるとよいでしょう。疎結合、高凝集の考え方です。小さな独立的なページがプロジェクトの中にたくさん集まり、それらが関連性に合わせてリンクでつながっている。そんな状態になれば、いかにもScrapboxらしくなります。

リンクベースで書きハッシュタグを補助に

Scrapboxで、ページとページを接続する方法は、ページリンクを張る方法と、ハッシュタグを付ける方法があります。復習しておくと、ページリンクはページタイトルをブラケット（[ ]）で囲む方法で、ハッシュタグはページタイトルの頭にシャープマーク（#）を付ける方法です。この2つは、機能的にはまったく同じですが、使われ方に違いがあります。

次ページの2つのページを見比べてみてください。

次ページの上の図がハッシュタグ的な書き方です。他の情報整理ツールであれば、「ラベル」や「タグ」に類する使い方と言えるでしょう。対して下の図が、リンク的あるいは記述的な書き方です。この2つは明確に異なります。

比べてみるとわかりますが、記述的に書いた方がリンクとリンクの意味的な関係性が見えてきます。ハッシュタグでも、メタ情報（情報についての情報）の提示は可能ですが、それぞれのメタ情報がどう関係しているのかまでは見えてきません。これは少しもったいないことです。

◉ハッシュタグ型のページの記述例

◉リンク型のページの記述例

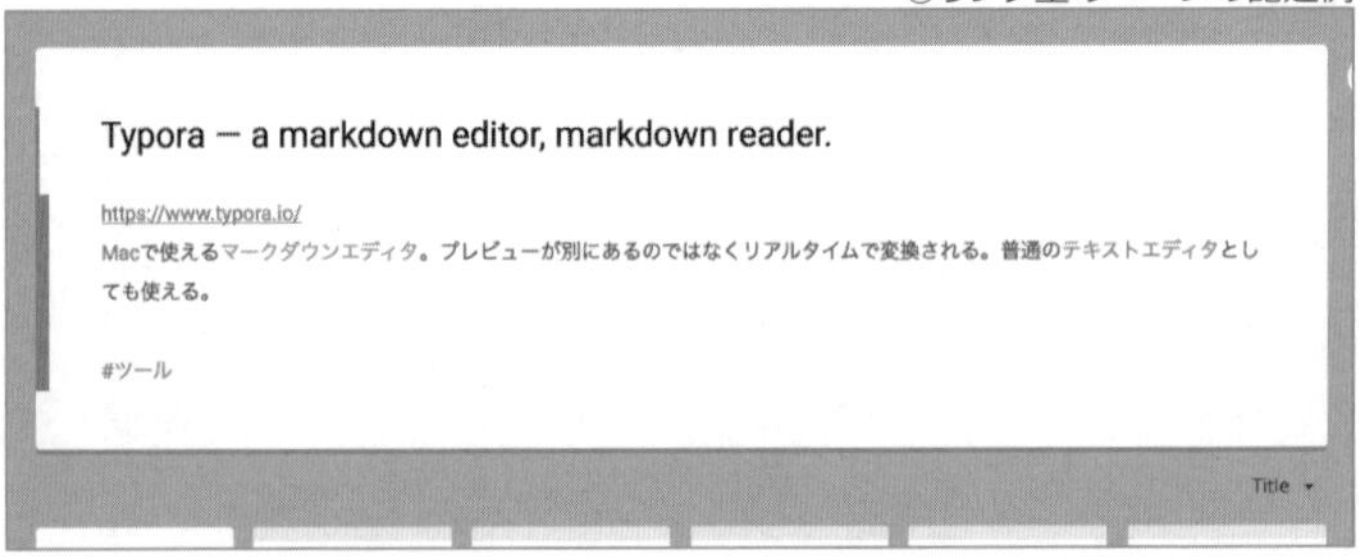

一般的な情報整理ツールでは、タグやラベルなどは独立的に扱われています。保存する情報とは別の領域で操作されるのです。しかし、Scrapboxでは両者の区別がありません。メタ情報も1つの情報として扱われています。言い換えれば、タグやラベルの中にも情報を持たせられるのです。

ハッシュタグ的に使うと「テキストエディタ」というタグを付ければ、それで終わりです。もちろんそれでも、同じ「テキストエディタ」というハッシュタグが付けられた別のノート群とリンクをつなげられますし、「関連ノート」にもそれらは表示されます。これはもちろん便利なのですが、Scrapboxではそうしてハッシュタグを付けた(リンクを追加した)ことは、同時に「テキストエディタ」というページを作成する準備が整ったことも意味します。

考えてみれば「テキストエディタ」というメタ情報もまた、その内側に説明を持ちますし、その内部にはリンクも含まれるはずです。しかし、一般的なハッシュタグのように使うと、そのような説明の記述もリンクも発生しません。付けただけで終わってしまうのです。

リンクを増やすことを目指すならば、まず記述的に説明していき、リンクになりそうなものをリンクにし、文章に表れないメタ情報についてはハッシュタグとして付け加える、というやり方がよいでしょう。

具体例を紹介してみます。下図をご覧ください。まず、普通にページを記述しました。さらに関連性のありそうなページへのリンクと、この文章のカテゴリになりそうなハッシュタグを追加しました。こういうことはメモを作成しているときによく発生します。何かを書いているときに、「そうだ、これはあれと関係するな」と思い付くことがあるのです。そうしたものはページリンクの簡易入力機能のおかげで簡単に追加できます。

◉内容を普通に記述する

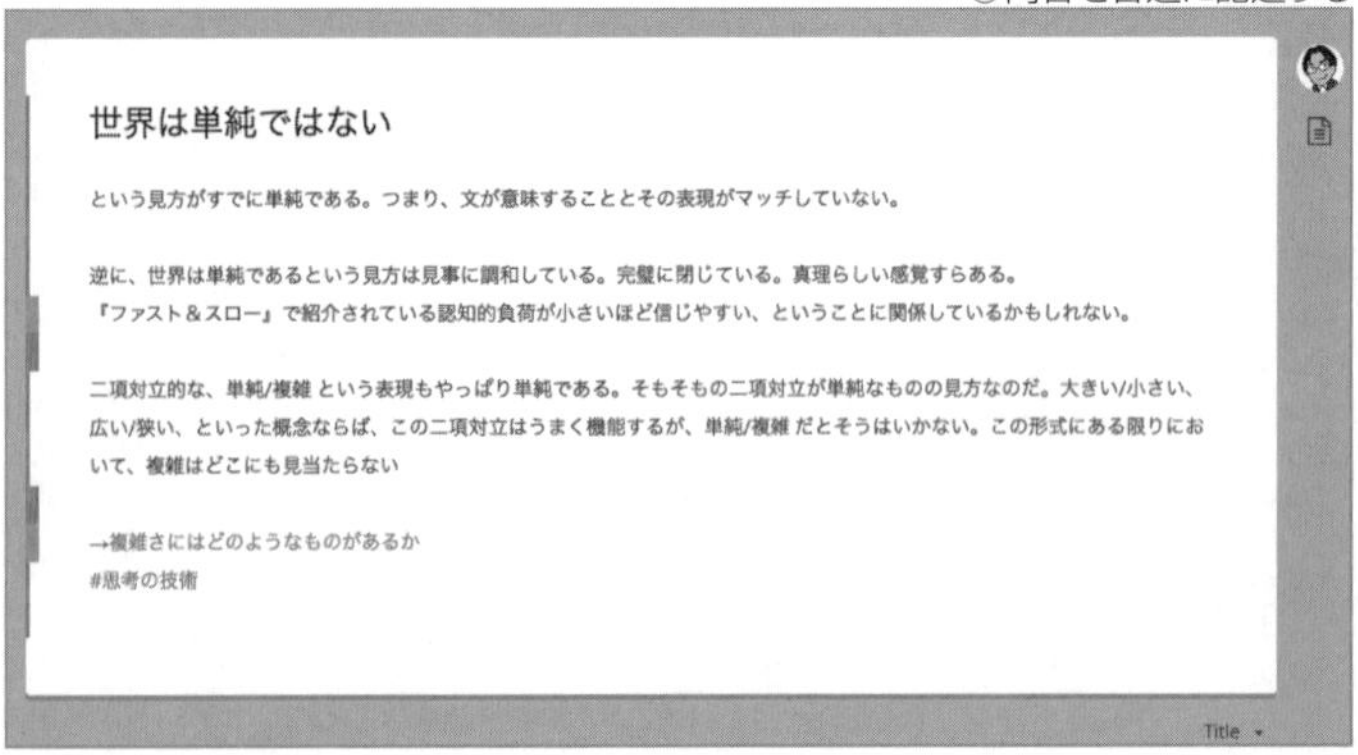
世界は単純ではない
という見方がすでに単純である。つまり、文が意味することとその表現がマッチしていない。

逆に、世界は単純であるという見方は見事に調和している。完璧に閉じている。真理らしい感覚すらある。

『ファスト＆スロー』で紹介されている認知的負荷が小さいほど信じやすい、ということに関係しているかもしれない。

二項対立的な、単純/複雑 という表現もやっぱり単純である。そもそもの二項対立が単純なものの見方なのだ。大きい/小さい、広い/狭い、といった概念ならば、この二項対立はうまく機能するが、単純/複雑 だとそうはいかない。この形式にある限りにおいて、複雑はどこにも見当たらない
→複雑さにはどのようなものがあるか
#思考の技術
Title

差し当たり、これで1つのまとまりを持った知識が記述できました。ただし、まだ手を加えられる部分が多数あるので、それに取り掛かります。まず、書籍の題名をリンクにしました。さらに、その本に登場する文章の一節をタイトルにしたページのリンクも追加しました。パラパラと本を再読しているうちに、「これは関係しそうだ」と思った一節にぶつかったからです。そうした思い付きは積極的にリンクしていくとよいでしょう。

とは言え、この時点ではまだページへのリンクを作っただけで、ページの中身はありません。そこで、オレンジ色のリンクをクリックし、中身を記述していきます。

◉ページリンクを追加

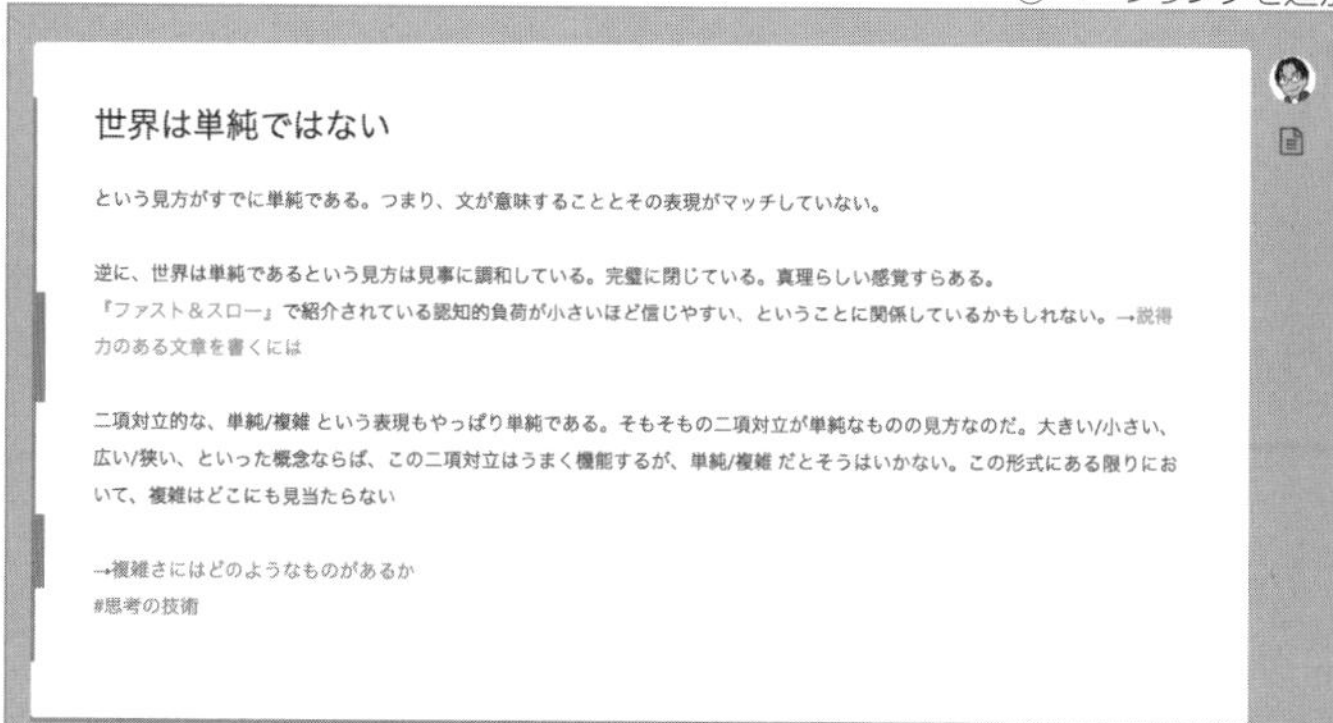
世界は単純ではない
という見方がすでに単純である。つまり、文が意味することとその表現がマッチしていない。
逆に、世界は単純であるという見方は見事に調和している。完璧に閉じている。真理らしい感覚すらある。
『ファスト＆スロー』で紹介されている認知的負荷が小さいほど信じやすい、ということに関係しているかもしれない。→説得力のある文章を書くには
二項対立的な、単純/複雑 という表現もやっぱり単純である。そもそもの二項対立が単純なものの見方なのだ。大きい/小さい、広い/狭い、といった概念ならば、この二項対立はうまく機能するが、単純/複雑 だとそうはいかない。この形式にある限りにおいて、複雑はどこにも見当たらない
→複雑さにはどのようなものがあるか
#思考の技術

引用記法を使って本からの引用を書き込み、さらに簡単な説明を付け加えました。これでこのページは一段落です。

次に書名のページに取り掛かります。書名のページもまだ中身はありませんが、2つ以上のページからリンクされているのでリンクの色は青色です。それをクリックして中身を記述していきます。

◉リンク先のページを記述

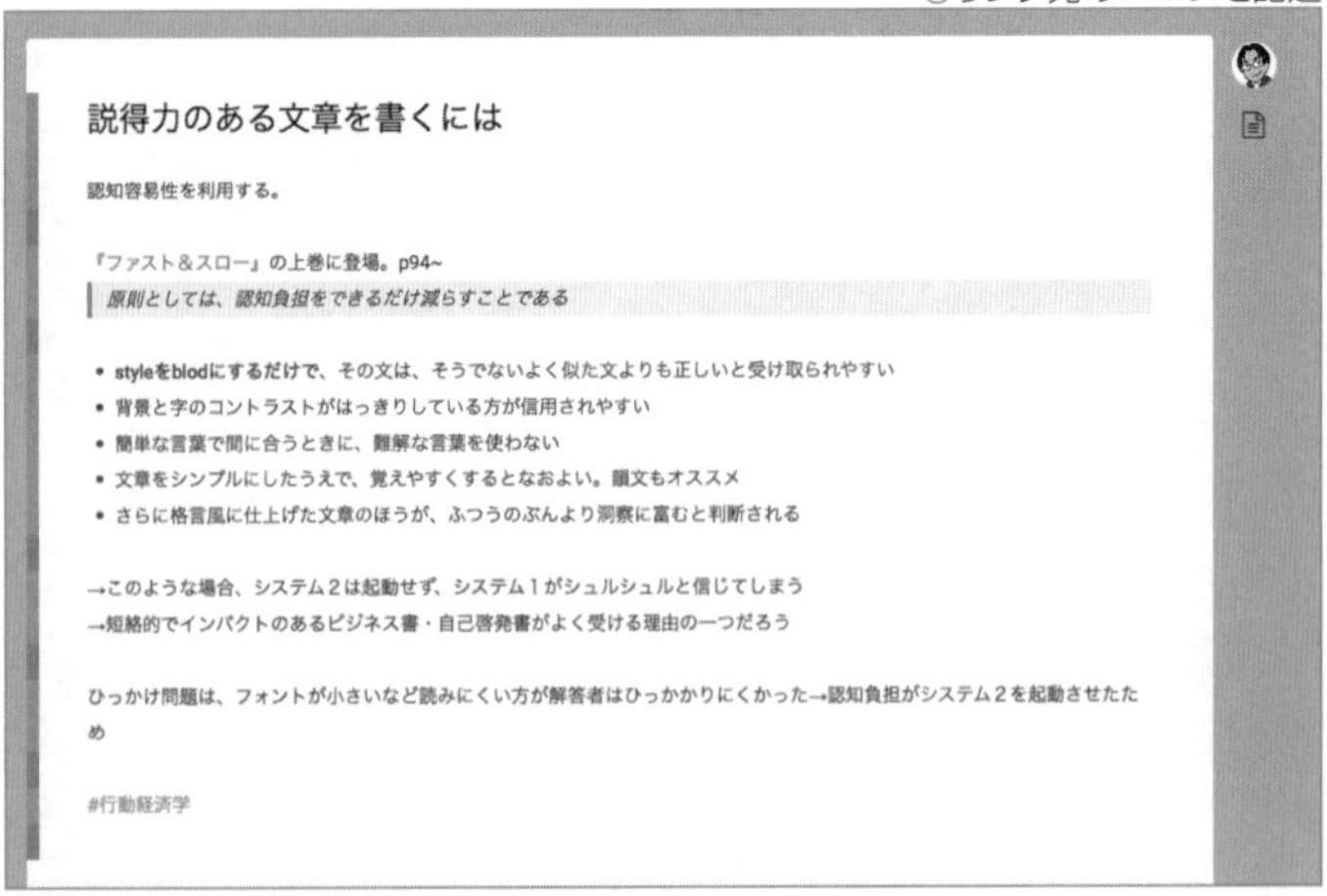

説得力のある文章を書くには
認知容易性を利用する。
『ファスト＆スロー』の上巻に登場。p94~
原則としては、認知負担をできるだけ減らすことである
styleをblodにするだけで、その文は、そうでないよく似た文よりも正しいと受け取られやすい
背景と字のコントラストがはっきりしている方が信用されやすい
簡単な言葉で間に合うときに、難解な言葉を使わない
文章をシンプルにしたうえで、覚えやすくするとなおよい。韻文もオススメ
さらに格言風に仕上げた文章のほうが、ふつうのぶんより洞察に富むと判断される
→このような場合、システム2は起動せず、システム1がシュルシュルと信じてしまう
→短絡的でインパクトのあるビジネス書・自己啓発書がよく受ける理由の一つだろう
ひっかけ問題は、フォントが小さいなど読みにくい方が解答者はひっかかりにくかった→認知負担がシステム2を起動させたため
#行動経済学

●書名ページ

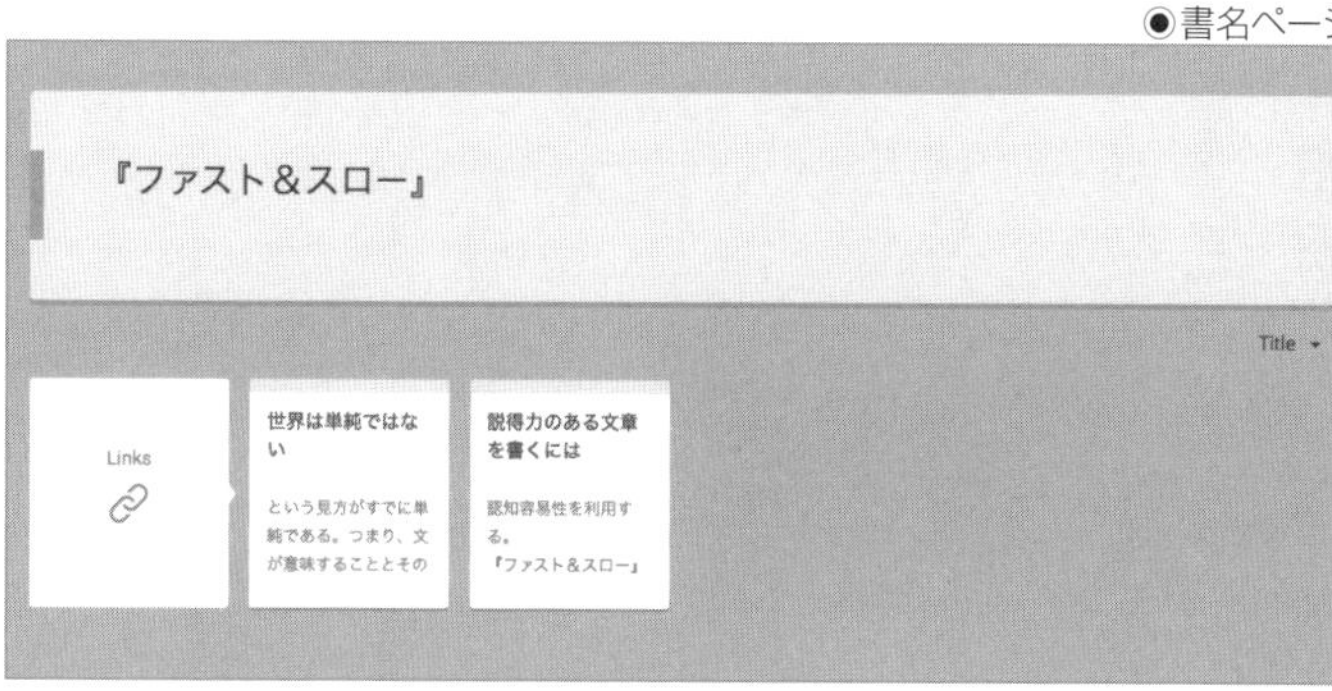

●書名ページの記述

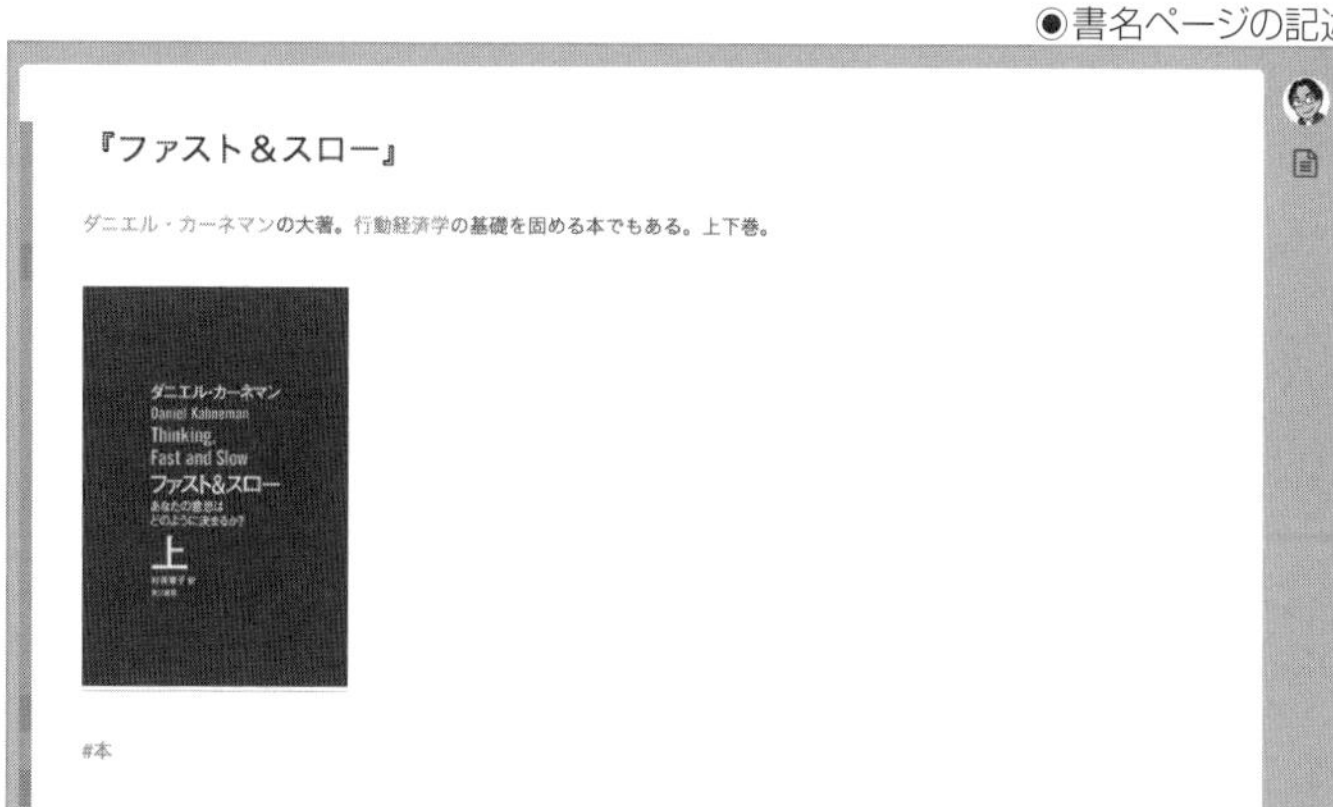

書名ページには、概要を記述的に書きました。2つのリンクと、1つのハッシュタグが追加されています。このページを見てもわかりますが、単に「ダニエル・カーネマン」「行動経済学」というハッシュタグが付いているだけよりも、記述的な方が情報の関係性が見えてきます。

当然、「ダニエル・カーネマン」「行動経済学」もページ（準備段階）であり、そこにも記述が可能で、リンクが発生しえます。そのリンク先のページもまた、リンクを持ち、さらにそのページも……、という流れでリンクとページが連鎖的に増えていきます。記述し、リンクを張り、リンク先を記述し、リンクを張り、リンク先を記述する。こういう進め方がリンクベース・記述ベースの進め方です。単にハッシュタグを付けて終わりにするだけよりも、はるかに濃密なリンクネットワークが形成できますし、おそらくページを読んだときの理解も早いでしょう。

もう一点、大切な点があります。前述した『知識創造企業』では、暗黙知から形式知が生まれる途中段階として、メタファーやアナロジーが効果を発揮すると述べられています。ここで詳細を論じることはしませんが、確かにメタファーやアナロジーは人間の理解や発想を支えています。

その上で、もう一度、ハッシュタグとリンクベースの記述方式を比較してみましょう。記述方式で説明を書き込めば「〜〜のようなものである」「〜〜と似ている」といった記述が許容されます。たとえば、「テキストエディタは、真っ白なノートパッドのようなものである」といった文章です。この説明がどれだけ正確かはさておくとして、普通「テキストエディタ」の情報に「ノートパッド」というハッシュタグ（メタ情報）を付けたりはしません。しかし、Scrapboxではそのように記述しておいて、「ノートパッド」の部分をリンクにできます。そうすれば、別のコンテキストで「ノートパッド」について言及した別のノートとのつながりが生まれることになります。メタファーやアナロジーによって情報が接続されるのです。

このことが持つ意味は、相当に強く、大きいと言えるでしょう。少なくとも、既存のツールはこのような関係性を扱う手段をほとんど持ち合わせていませんでした。あるいは手段があるにしても、その実現には相当な手間がかかっていました。Scrapboxでは、単にそれらしいキーワードをブラケットでくればいいだけなのです。それで情報が接続されます。

Scrapboxを使う上では、頭を切り換える必要があります。ハッシュタグ的に情報を「カテゴライズ」することも効果がありますが、単にそれだけなら別の情報整理ツールでも可能でしょう。そうしたカテゴライズよりも、概念の中にある情報同士を結び付けていくことを意識した方が、よりScrapboxの機能は活きてきます。

途中でOK（常に未完成）

ScrapboxのScrapは断片です。だから、「整理できてから書こう」とか「まとまってから記入しよう」などと考えなくても大丈夫です。きちんとしたドキュメントや、ブログ記事ならば、そのような姿勢で取り組むことは悪いことではありませんが、しかし、そのような固さでは、なかなか書き込みは増えていかないものです。

大切なのは、知のネットワークを形成・拡大していくことであって、きれいに整ったドキュメントを作ることではありません。

また、暗黙知の項目でも確認しましたが、人は「自分がわかっていること」をわかっていないことが相当にあります。それらの一部は、書こうとする中で「わかってくる」ものもありますし、他人からのツッコミを受けて理解が進むものもあります。少なくとも、自分の頭の中にあるうちには、そうしたものはけっして「わかる」ようにはなりません。

とりあえず頭の中から出してみる。思い付いたことを書いてみる。ページリンクだけも作っておく。そのようなスタイルで取り組めるのがScrapboxの良さです。

そもそも、あらゆるWikiは「常に未完成」だと言えます。また、生きた知識のことを考えても、そこに完成はありません。Scrapboxも、常に未完成であると考えておけばよいでしょう。

常に作り替えていく

「途中でＯＫ」と合わせて押さえておきたいのが、常に作り替えていくことです。作り替えることを厭わないこと、作り替える手間を少しでもかけること。これが大切です。

作り替えることが前提になっていれば、「あとで直せばいい」「途中でもＯＫ」と思いやすいでしょう。そうした気持ちが、さらに気楽な書き込みを促進してくれます。せっかくScrapboxでは要素の移動が簡単なのですから、とりあえず書き込んだあとで、作り替えて整えていくやり方をとりたいものです。

たとえば、ページはScrap（破片・断片）ベースで作っていくことを推奨しましたが、最初から「どれくらいの記述であれば断片ベースになるだろうか」などと考えていては、なかなか記述は進みません。そういうことはあとから考えればいいのです。まずは内容を記述していき、少し話題が混ざっていると感じたら、その部分を切り出して、新しいページに移動させる。そういうやり方で問題ありません。はじめから形を決める必要はなく、あとから形を整えていけばいいのです。

こうした作業は、プログラミングではリファクタリングと呼ばれていますが、

Scrapboxでも最初から「ページはこのように書く！」と決めるのではなく、むしろ常なるリファクタリングで最適な形に再編していくことを意識した方が、ページの情報も増え、使い勝手も向上するでしょう。

Scrapboxでは、選択したテキストを切り出して、新規ページを作成する機能が備わっているので、前述のようなリファクタリングはやりやすくなっています。

また、内容を変更したり、ページを新しく切り出した場合は、ページタイトルの書き換えもよく起こります。しかし、この作業は、ページタイトルによるURLと相性がよくありません。タイトルを書き換えることでURLが切り替われば、これまでに作ったリンクが使えなくなるからです。

この点に関しても、Scrapboxは対応しています。外部からのリンクであれば、タイトルが変更されていても、もとのページにつないでくれますし、内部リンク（ページリンク）であれば、言及しているページの記述を自動的に書き換える提案をしてくれます。

これらの機能があるおかげで、ページタイトルの書き換えも躊躇なく行えるようになっています。リファクタリングしやすい機能が揃っているわけです。

もちろん、自動でやってくれなくても、1つのページくらいなら手動で対応できます。しかしページ数が増えて、大量のリンクが存在する場合はどうでしょうか。その場合、心理的な面倒さが働いて、ページタイトルを書き換えるのが嫌になります。そして、その面倒さを逆算する形で、今度は最初からきっちりしたタイトルを付け、それに見合う内容だけを書き込もうとしてしまいます。そのような固さは、記述を著しく阻害してしまうでしょう。よって、最初

◉リンクの更新

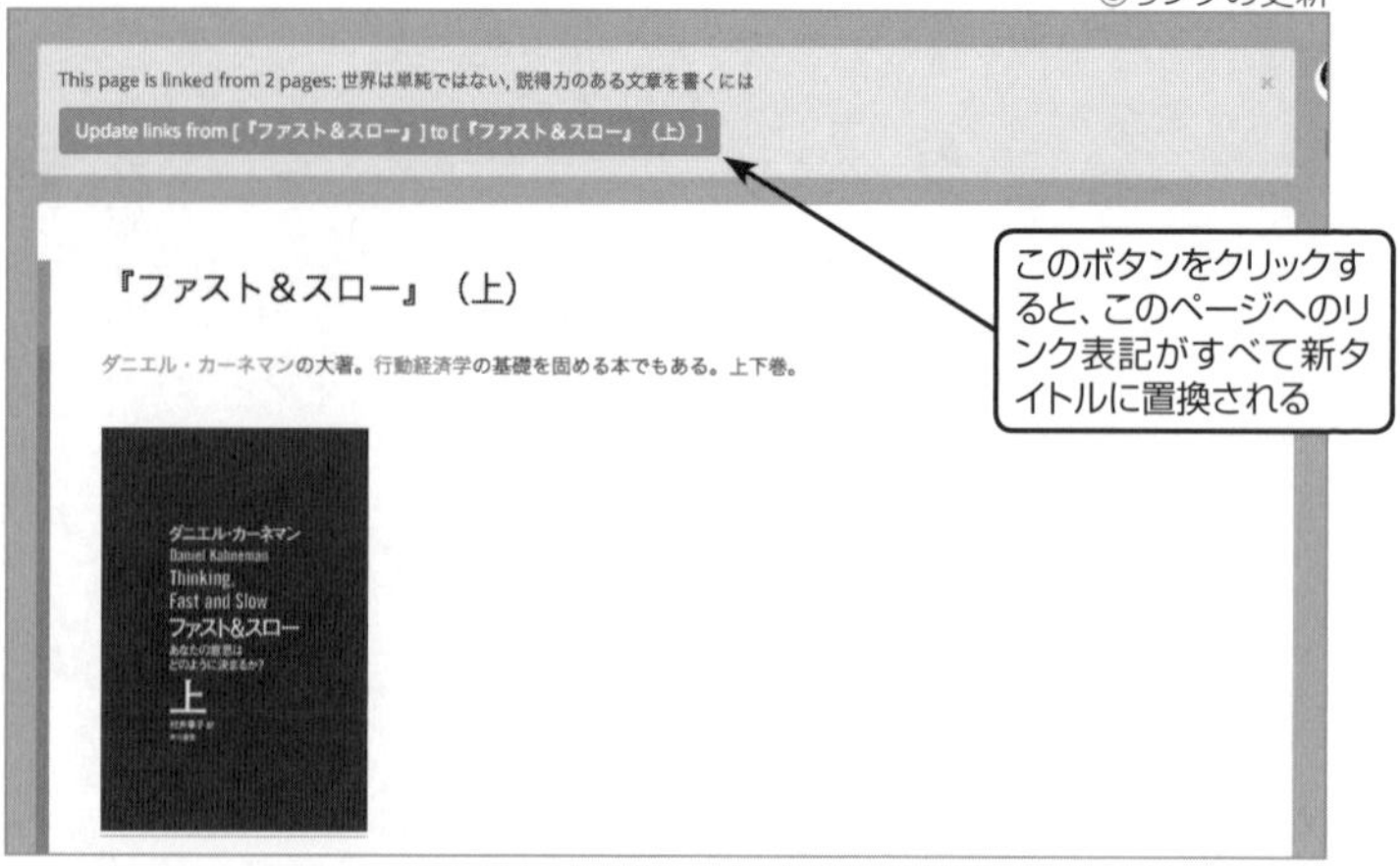

This page is linked from 2 pages: 世界は単純ではない, 説得力のある文章を書くには
Update links from [『ファスト＆スロー』] to [『ファスト＆スロー』（上）]
『ファスト＆スロー』（上）
ダニエル・カーネマンの大著。行動経済学の基礎を固める本でもある。上下巻。
ダニエル・カーネマン
Daniel Kahneman
Thinking, Fast and Slow
ファスト&スロー
あなたの意思はどのように決まるか？
上
このボタンをクリックすると、このページへのリンク表記がすべて新タイトルに置換される

はラフに作り、それをあとから変更できる環境が整っていることは記述を増やしていく上で重要なのです。

全体的にScrapboxは、あとからの修正が大いに許容、ないしは推奨されています。よって、気楽にページを作り、とりあえず書き込んでいき、それを常に作り替えていくやり方がよいでしょう。

タイトルは思い付きやすいもの

Scrapboxでは、ページリンク作成時や検索ボックスへの入力時に、タイトルの候補を表示してくれます。この機能のおかげで、個々のページのタイトルを正確に覚えていなくても目的のページを利用できます。うろ覚えでもまったく問題ありません。

しかし、何ひとつ思い出せない場合は、この機能でもお手上げです。よって、一部分だけでも思い出せるタイトルを付けるのが好手です。自分が「それ」について思い浮かべたときに、一緒に思い浮かべるような言葉・表現・言い方をタイトルに加えるのがよいでしょう。

本や楽曲などの固有の存在であれば、いちいち深く考える必要はありません。題名をタイトルに採用すれば機能します。しかし、思い付いた概念やアイデアでは同じようにはいきません。

たとえば、以前、下図のようなページを作成しました。

内容自体は別に問題ないのですが、あとからこのページにリンクを張ろうとしたときに、まったくタイトルが思い出せなかったのです。何かしらこうした情報を保存したページを作ったことだけは覚えているのですが、そこにどんなタイトルを与えたのかは思い出せませんでした。その代わり、本文に書き込

◉すぐに思い出せなかったページ

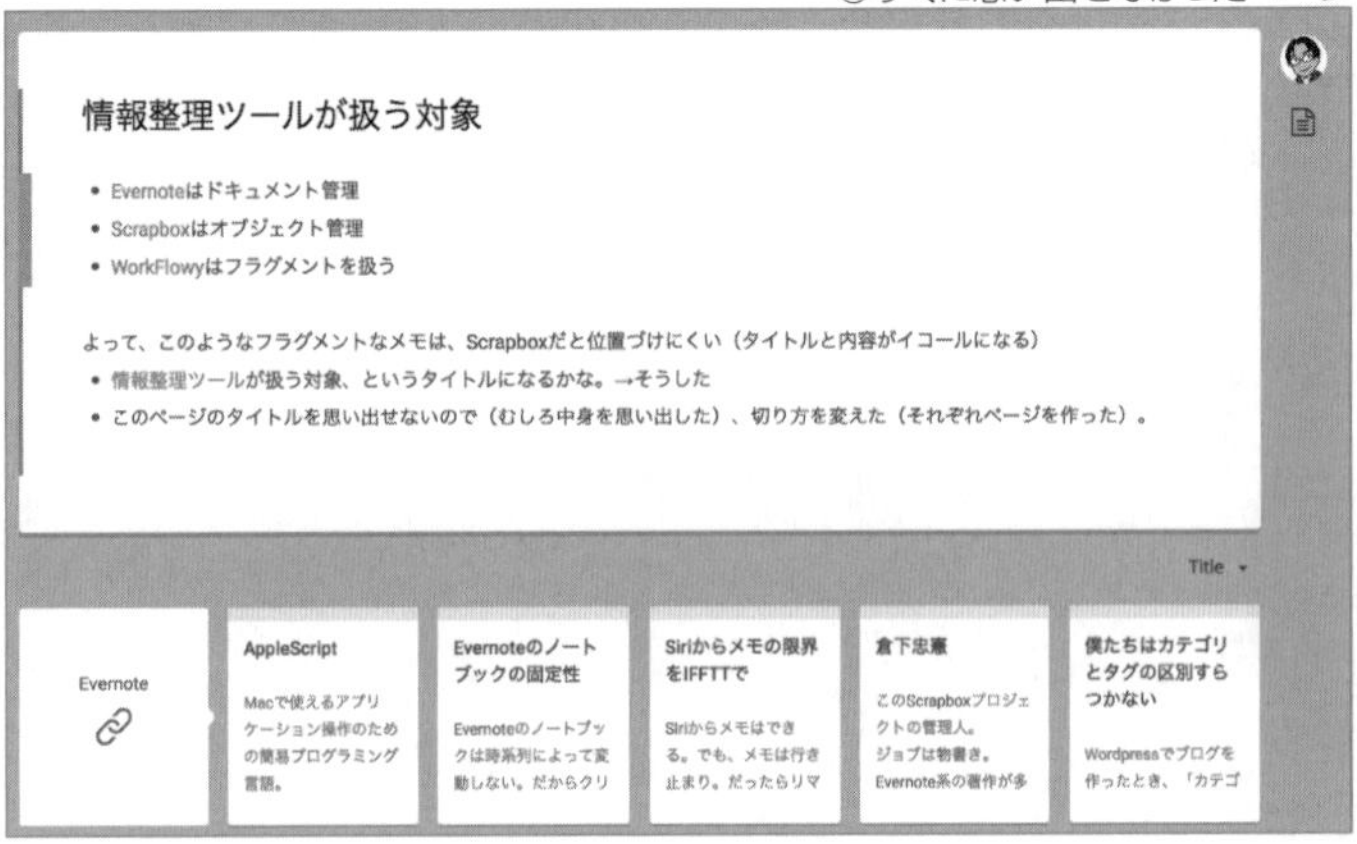

んだ「Evernoteはドキュメント」というフレーズは想起できました。私がこの概念について想起したときに、一緒に思い出すフレーズが「Evernoteはドキュメント」だったわけです。

そうしたときは、素直に「Evernoteはドキュメント」というタイトルのページを作るのが賢明です。その上で、2つのページをリンクさせておけば、そのリンクをたどってこのページにアクセスできるようになります。具体的には、「**[Evernote]はドキュメント**」を「**[Evernoteはドキュメント]**」と書き換えて、そのページを新規作成するのです。

もちろん、このような書き換え作業も、「常に作り替えていく」の姿勢で充分です。最初から「自分はこの言葉で思い出すに違いない」とわかることはほとんどありません。思い出すときに、頭に思い浮かんだ言葉に合わせてリファクタリングしていく方が実際的でしょう。

私も、まず「Evernoteはドキュメント」というフレーズでページを検索し、「情報整理ツールが扱う対象」のページを見つけてから、前述したリファクタリングを行いました。そうした細かい調整作業を進めることで少しずつScpapboxの使い勝手は向上していきます。

ページタイトルの付け方に関しては、川喜田二郎さんの『発想法』(中央公論新社刊)に参考になる文章がありますので、それを引いておきます。

意味のエッセンスをつくる場合に、ひじょうに大切なことがある。それは、過度に抽象化しすぎないことである。むしろ、できるだけ柔らかい言葉で、発言者のいわんとした要点のエッセンスを書きとめるのがよいのである。たとえば、お酒を飲むことについて、それを好意的に論じた発言があったとしよう。それを一行見出しに圧縮するのに、「飲酒効果の是認的発言」などと書くよりも、「酒は飲むべし」と書いたほうがよい。

もちろん、この通りに付ける必要はありませんが、「飲酒効果の是認的発言」ではなく「酒は飲むべし」と付けるアプローチはScrapboxでも参考になりそうです。きっと、本書を閉じても思い出しやすいのは後者のタイトルでしょう。

フラットに並べていく

Scrapboxの面白さをさらに引き出す上で意識したいのが、情報をフラットに並べることです。

この「フラット」には2つ意味があります。1つは「階層構造を意識しない」ということです。ツリー構造ではなくネットワーク構造の方が生きた知識を扱いやすい、という話は本章の前半で説明しました。Scrapboxでは、ページは否応なしにプロジェクトの中にフラットに配置されるので、階層構造を作れないように思えますが、ページの中では箇条書きによる階層が作れるので、そこにページリンクを書き込んでいけば、擬似的に階層構造を作れます。いわゆるプロジェクトの「目次」が作れてしまうわけです。もちろん、それが便利な場面もありますが、最初からそうした階層構造を想定し、それに合わせてページを作っていくやり方は避けた方がよいでしょう。

もう1つ、それと関係することですが、情報に貴賎を設けないことも大切な「フラット」です。言い換えれば、そこに何を書いても別に構わないという態度が重要です。

たとえば、「社内報」「参考資料」「Q＆A」のように大きなカテゴリが設定され、階層構造が意識されている場合、それらに当てはまらないものは書きにくくなるものです。剛胆な人間ならば別でしょうが、たいていの人は示されたカテゴリに合わせて情報記入を取捨選択します。それでは記述知は集まりません。

また、雑多な情報が集まることには、別の効果もあります。発想本の古典とも言える『アイデアのつくり方』（CCCメディアハウス刊）で、ジェームス・W・ヤングは、次のようにアイデアを定義しました。

「アイデアとは既存の要素の異なる組み合わせでしかない」

もし、そこに集まっている情報が、あるコンテキストにおける一般的な要素ばかりなら、「異なる組み合わせ」はなかなか生まれないでしょう。しかし、そこに少しコンテキストが外れた情報が入ってくればどうなるでしょうか。意外な情報の組み合わせが生まれるかもしれません。これは、メタファーやアナロジーの記述が、アイデアを刺激するのと同じ話です。

フラットに情報を並べることは、雑多さを許容することでもあります。それは『知識創造企業』で提示された「ゆらぎと創造的なカオス」や「最小有効多様性」を促進する効果を持ちます。

堅苦しいルールを作らない

これはこれまでのコツの総括のようなものです。Scrapboxを記述していく上で、堅苦しく細かいルールを設定するのはあまりうまいやり方とは言えません。一切のルールが無用というわけではありませんが、「最初にかっちりルールを決めて、その通りにやっていく」というやり方では、Scrapboxの機能の大部分が無用の長物になってしまいます。

そのプロジェクトにどんな情報を入れるのか、どんな形で入れるのか、どんなリンクを作るのか、どんな記述をするのかは、使っていくうちに見出すのがベストです。あるいは、使いやすい形にリファクタリングしていくのがベストです。ルール通りに記述しなければならない、という厳格さを持った運用は、使う人を遠ざけていくばかりでしょう。

どんなツールでも、使うことで効果は発揮されます。どれだけきれいに体系化された情報ツールでも、それが参照されなければ意味がありませんし、また、必要に応じて修正されなければいつかは遺物と化してしまいます。

どうしても組織内における運用では、「記述のルール」といったものを定めたくなりますが、その考え方にはパラダイム・シフトが必要です。トップダウンではなく、ボトムアップに情報が集まってくるようになるのが目指すところで、そのためには堅苦しいルールは邪魔になります。

実際に使う人たちが、使いやすい形にしておく。これが一番大切なことでしょう。もちろんそれは個人の運用においても同様です。

SECTION 18

本章のまとめ

Scrapboxは、他の情報整理ツールのようにツリー型で情報を管理しません。代わりに、ネットワーク型で情報を整理します。整理整頓ならぬ整理組織化。それがScrapboxです。

「階層構造による分類」は整理方法の1つでしかありません。別の原理に基づく整理方法もあります。「ある情報は、それと近しい情報が利用されたときに利用される可能性が高い」。この原理は、単に関連情報を引き出しやすくするだけでなく、アナロジーやメタファーを通して、新しいアイデアの創出にも貢献してくれます。

Scrapboxは検索の縦糸と連想（関係性）の横糸によって、情報ネットワークを織り込んでいきます。ただし、情報を保存しただけでそれが得られるわけではありません。さまざまWebサイトでリンクが使えるのは、サイト作成者がリンクを張る手間をとってくれているからであるのと同じく、Scrapboxでもリンクを張っていく手間は必要です。ただし、その手間が著しく小さく設定されているために、あまり手間とも感じないないかもしれません。それが存外に重要な点です。

Scrapboxはどのようにでも使っていけますが、実装されている機能から考えて、「とりあえず」と「あとで」と「気楽に」の3つのマインドセットが大切になってくるでしょう。とりあえず書き、あとで直す。気楽に書いて、あとで整える。先に形式を作り、それに準じるのではなく、まずは書き出すこと。それを書き直したり、誰かからツッコミをもらうことで、記述知を増やしていくこと。その積み重ねの先に、生まれる何かを求めること。これがScrapboxとうまく付き合っていく考え方の1つです。これは複数人で使う場合だけでなく、自分ひとりだけで使う場合にでも言えることです。「とりあえず」「あとで」「気楽に」。そうして、スタートを切ることが肝要でしょう。

もちろん、こうしたコツも1つの提案でしかなく、こう使わなければならないというものではありません。あくまで、Scrapboxの機能を発揮させるための運用の方向性を示しただけです。他にもまったく違う運用方法はあるでしょうし、それでも情報を扱うことは可能です。汎用的に使えるScrapboxは、それくらいの間口の広さを持っています。

では、次章ではいろいろなScrapboxの使い方を実例を交えて紹介してみましょう。

Column

ツリーとネットワークの役割

ネットワーク型の情報整理が持つ有用性を、ツリー型の典型例である書籍で紹介するというのは、なんとも皮肉な話に思えるかもしれません。しかしこれは、確定させたい意味の、粒度の違いで説明できます。

ネットワーク型のScrapboxであっても、ページの中では上から下に記述が流れていきますし、またクイックに作成できる箇条書きは階層的構造を持っています。そのような記述をしないと意味が固定できないからです。

いくらネットワーク型が便利だと言っても、{あ、め、が、あ、し、た、ふ、り、ま、す}という要素だけを見せられて、好きな順番で読んでくださいと言われても困るでしょう。「雨が明日降ります」と言葉が配列されているからこそ、そこに固有の意味が発生します。さらに、「明日雨が降ります」という配列とも微妙な意味の違いが立ち上がります。つまり、配列には意味を発生させる力があるのです。これは単語レベルから書籍レベルまで再帰的に適応できる話です。

ネットワーク型管理では、むしろそのような意味の固定を発生させずに、一つひとつの要素を部品のように自由に扱える点が特徴なわけですが、反面「複数の文章によって構成された大きな意味」を生みだすことができません。一種のトレードオフです。

書籍は、1つの大きな意味の塊を伝えるために、構成という配列を作ります。部品を固定し、自由度を下げます。そうすることで、意味が立ち上がるからです。

もちろん、Scrapbox上でも「書籍」は作れます。一定量のコンテンツで区切り、それぞれのコンテンツを読み進める順番を確定させれば、読書体験としては書籍と変わりません。ポイントはメディアの形式ではなく、有限化と配列の確定の有無です。

CHAPTER-3
Scraoboxで知をつないでいく

SECTION 19

プロジェクトの作り方

本章では、Scrapboxのプロジェクトについて解説します。

前章までで確認してきたように、ページは個々の情報を保存する単位で、プロジェクトはそのページ群をまとめる単位です。プロジェクトは複数作成でき、それぞれに違ったテーマ（主題）を与えられます。言い換えれば、Scrapboxの使用方法は、どんなプロジェクトを作るのかによって決まります。

そこでまず、プロジェクトの作成手順を確認し、そのあと、どのようなプロジェクトを作ればよいのかのヒントとなる情報を紹介します。

プロジェクトへのコミット

プロジェクトにコミットする方法は2つあります。

● 自分で新しく作成する

●誰かのプロジェクトに参加する

一般的な情報整理ツールでは前者が主流ですが、Scrapboxでは後者もごく普通に行われています。Scrapboxのもとになった Wikiは、多人数での情報の編集が前提になっているので、これは当然と言えるでしょう。

とは言え、最初は自分のプロジェクトを作るところから始めるのがよいでしょう。

新規プロジェクトの作成

プロジェクトの作成は、グローバルメニューの「Create new project」から実施できます。また、新規でアカウント作成した直後も、プロジェクトの新

●Create New Projectのウィンドウ

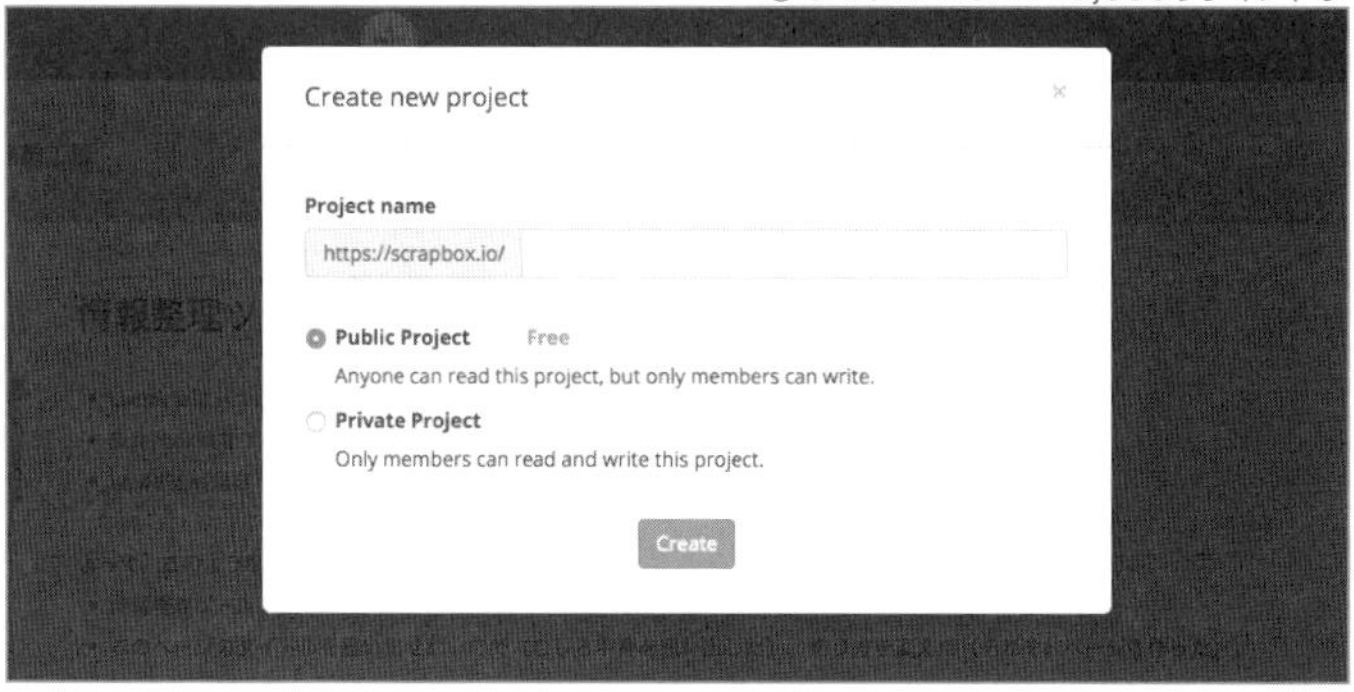

規作成が行われます。

ここで行うことは2つあります。URLの設定と、公開の選択です。まずURLの設定ですが、URLは半角英数字で設定します。プロジェクトを表す言葉を使うのがベストですが、そこまでこだわらなくてもよいでしょう。このURLはあとから変更できます。

次に、そのプロジェクトがPublicかPrivateなのかを選択します。Publicは、Web全体に向けて公開されるプロジェクトで、ごく普通のWebサイトと同じ扱いになります。閲覧は誰でもできますが、ページの編集は「メンバー」に限定されます。Privateは、書き込みだけでなく、閲覧もメンバーに限定されます。メンバーでない人がプロジェクトのURLにアクセスしても、閲覧は拒否されます。つまり、非公開の情報です。

ここで使用料金について確認しておきましょう。

Publicなプロジェクトは、どのような用途においても無料で使えます。しかし、

Privateなプロジェクトについては、個人あるいは非営利な主体が運営するものは無料で、営利目的の使用は利用料金が発生します。料金は一ユーザーあたり1000円／月です。また、その場合でも1カ月は無料での試用が可能です。

Privateであっても、個人や家族用途、あるいは研究会・同好会における情報共有の使い方であれば無料で使えます。個人で仕事をしている場合も同様で、私は、この書籍の原稿データを編集者さんと共有するためにPrivateのプロジェクトを1つ作成しています。フリーランスにとってはありがたい料金設定です。

場合によっては、無料で使っても大丈夫なのかどうかの線引きが難しいこともあるでしょう。Priceのページ(https://scrapbox.io/pricing)ではQ＆Aが紹介されているのでそれをご覧になるか、判断が難しい場合はコンタクトを取ってみてもよいでしょう。

ちなみに、その他のツールと違い、有料版と無料版における機能の違いはありません。言い換えれば、個人で使うPrivateなプロジェクトでも、企業が使うPrivateなプロジェクトでも、機能は同じです。これはなかなか珍しい設定ですが、料金ごとに機能を分けてしまうと、開発に余計なコストがかかってしまうからという考えがあるようです。また、ユーザー間での知識の共有も、機能が揃っている方がやりやすいことは間違いありません。なかなか考えられた設定です。

とりあえず、URLを入力し、PublicかPrivateを決定したら、プロジェクトが作成されます。

作成直後のプロジェクト

プロジェクトの作成が終わると、そのプロジェクトのホーム画面が表示されます。

プロジェクト名には、URLとして設定した文字列が使用されますが、これは変更可能です。ですので、まずはプロジェクト名を変更しておきましょう。

このプロジェクト名は、Webサイトやブログのタイトルに相当します。グローバルメニューのプロジェクトリストにもこの名前が使われますので、自分だけで使うプロジェクトであれば、最低限、自分が識別できる名前に、外部に公開するプロジェクトであれば、他の人でも「それが何のプロジェクトなのか」を識別できる名前にしておくとよいでしょう。

Scrapboxでは、自分が訪問したScrapboxプロジェクトもグローバルメニューに表示されます。おかげでブックマーク管理などが必要ないのですが、リストに表示される名前を見ても何のプロジェクトかわからなければ使い勝手が著しく落ちます。凝った名前は必要ありませんが、少なくとも他のプロジェクトと識別できる程度の名前は与えておきたいところです。

作成されたばかりのプロジェクトには「はじめに」というページが1つだけ置かれています。このページには、記法などのアンチョコがまとまっています。もしScrapboxを使い始めたばかりで、記法をすぐに忘れてしまうという場合は、この「はじめに」というページは消さずに置いておくとよいでしょう。あるいは、プロジェクトのメンバーとしてScrapboxに不慣れな人を誘うことが想定される場合も、残しておくのがよさそうです。逆に、まったく不要であれば消してしまっても問題ありません。

他の人を招待する

他の人を新しくメンバーに誘う場合には、招待リンクを使用します。招待リンクは、グローバルメニューの「Settings」にある「Members」タブから確認できます。

この招待リンクを踏んだ人は、誰でもプロジェクトに参加できます。ですので、誘いたい人にこの招待リンクを伝えましょう。逆に言えば、他の人のプロジェクトに参加する場合は、この招待リンクを教えてもらうことがスタートとなります。

◉メンバー管理の画面

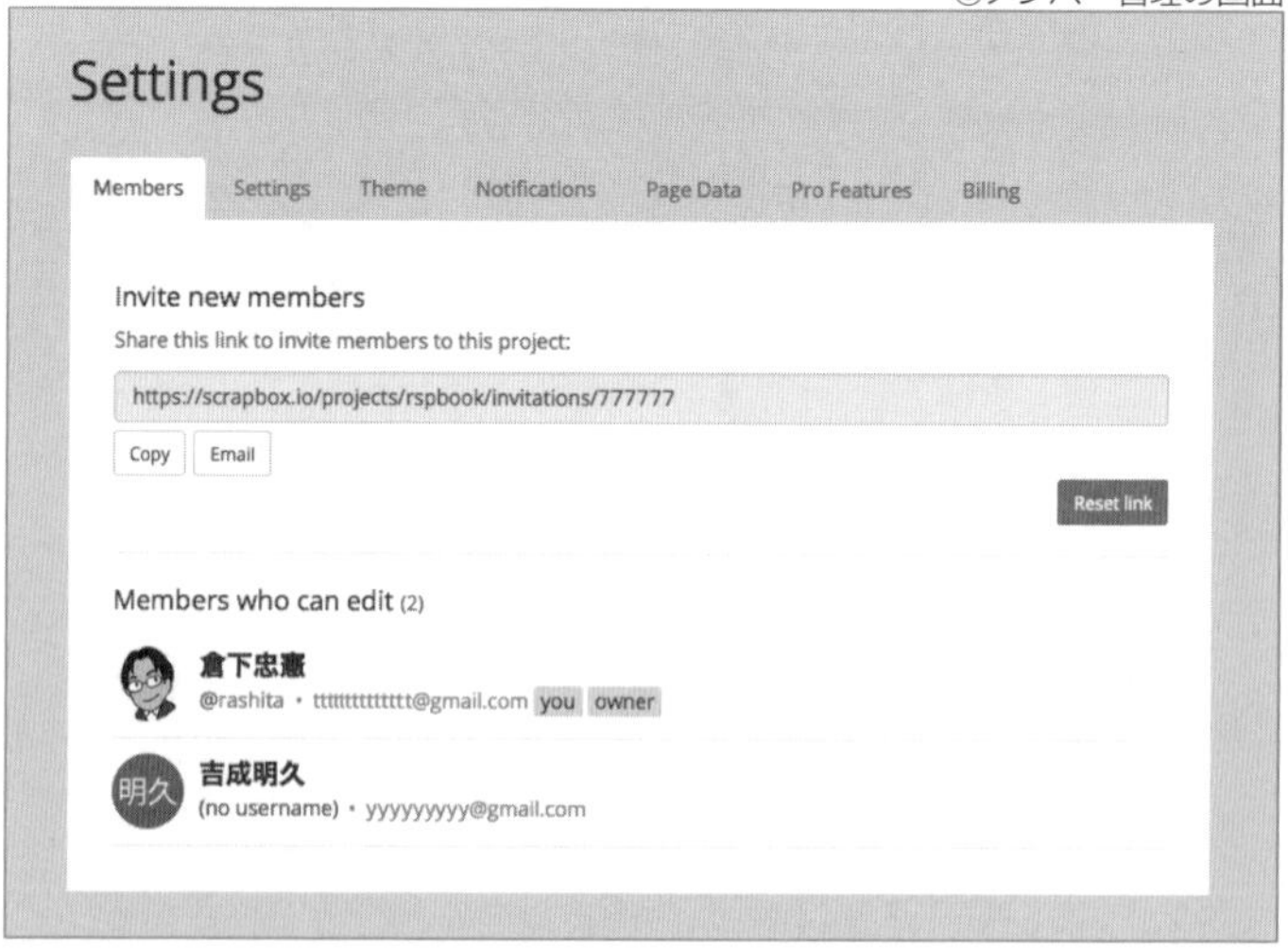

参加したメンバーは、プロジェクトそのものの設定などを除いて、招待した人（プロジェクトの管理人）と同じようにページを作成したり編集したりできます。作成はできるが編集や削除はできないといったことはありません。すべてのメンバーが管理人を含めてフラットであるのもScrapboxの特徴です。

プロジェクト参加後にやっておきたいこと

もし他の人のプロジェクトに招待されたら次のことをやっておきましょう。

- ピンされているページを読む
- 「自分のページ」を作成する
- Streamで最新情報をチェックする
- 「テロメア」に注目する

多くのプロジェクトでは、ピンされているページがいくつかあります。ソート順の影響を受けない固定されたページです。そうしたページには重要な情報や、使い始めるときの注意などが書かれていることが多いので、最初に確認してみるとよいでしょう。

逆に言えば、自分が他の人をプロジェクトに招待する場合には、プロジェクトに参加した人に参照してもらいたい情報をページにまとめておき、それをピンしておくとよいでしょう。Scrapboxはページ同士がリンクでつながっているので、最初のとっかかりさえあれば、自分で情報を探していけます。あれやこれやと指示したり、細かくルールを決めたりする必要はありません。それでも「まずはここから見てね」というページを作っておくと、初心者に優しいプロジェクトになります。


ページをパラパラ見てプロジェクトの雰囲気が掴めたら、次は「自分のページ」を作成しましょう。ページタイトルが、自分のアカウント名になっているページのことです。そのページには、普段、SNSなどで使っているアイコン画像を貼り付けておくと、他の人から見たときに識別しやすくなります。また、このページは、次章で紹介するUserCSSなどを設定する場合にも活躍しますので、できるだけ作成しておきたいところです。

さらに、他の人の「自分のページ」をのぞいておくと、書き込むべき情報が見つかるかもしれません。たとえば、プロジェクトによっては、「#人物」といったハッシュタグが付いている場合もあります。絶対にそれに揃える必要はありませんが、そうしたハッシュタグを付けておけば、人物ページ同士がつながり、人から人へとリンクをたどっていけます。Scrapboxを使うならば、ページをうまくつないでいくことに注意を向けておいた方がよいでしょう。

次に、最新のトピックを見つける方法です。Scrapboxではページを更新日順にソートできますが、メニューから「Stream」を選択すると、よりスピーディーに最新の書き込みを確認できます。しばらく触っていなかったプロジェクトを確認する際にも使えますので、積極的に利用していきましょう。ちなみに、この「Stream」でもリアルタイムに更新が反映されます。

最後に、第1章でも登場した「テロメア」です。

テロメアは、ページの左部分に表示される細長い線のことで、ここには2種類の情報が示されています。線の色は表示経験の有無を表し、緑色なら未読（作成および更新後の初めての表示）、灰色なら既読を意味します。線の太さは更新からの日時で、新しい情報ほど線が太く、古い情報ほど線が細くなります。さらに、テロメアにマウスカーソルを合わせると、最終更新がどのくらい前だったのかという情報も表示されます。

このテロメアは自分だけのプロジェクトであれば、あまり意味はないかもしれませんが、他の人と共有しているプロジェクトで情報の「鮮度」を確認する際に便利です。

まずは、新規プロジェクトの作成とそのあとの設定、そして他の人を招待する方法を確認しました。これでプロジェクト作りに関しては準備万端です。

では、いったいどんなプロジェクトを作っていけばよいのでしょうか。

SECTION 20

プロジェクトについての考え方

Scrapboxは汎用的な情報整理ツールなので、どんなプロジェクトを作っても構いません。「私の町の喫茶店情報」のような細かいテーマでも、「日本の名城」のような大きなテーマでも、きちんと機能します。非常に自由度が高いツールです。とは言え、「自由に何でもやってください」と言われると、逆にとっかかりが見つけにくいものです。そこで、プロジェクトをイメージしやすいように、いくつかの切り口で捉え直しておきましょう。

緩やかなコンテキスト

いくら知をつないでいくのがScrapboxの特徴だとしても、まったくバラバラな、言い換えれば何の文脈もない情報を寄せ集めても使いにくくなるだけです。Scrapboxでは複数のプロジェクトが作れるのですから、ある程度のまとまりを持った、緩やかなコンテキストでくくっておいた方が使いやすいでしょう。

たとえば、私は自分の仕事用（主に執筆用）の情報を集めたプライベートなプロジェクトがあり、それとは別に妻と共有している家庭情報用のプロジェクトがあります。どちらも、「私が必要とする情報」ではありますが、それをわざわざ一緒にしておく意味はあまりありません。また、情報の量がまったく違うので、混ぜてしまうと妻は困惑してしまうでしょう（仕事のページが５００で、家庭のページが10程度です）。

ただしこれは、コンテキストの異なる情報を絶対に混ぜてはいけない、というルールではない点に注意してください。テニスの情報とプログラミングの情報は分けた方がよさそうですが、プログラミングの情報とＷｅｂサイト構築の情報は混ぜてもいいかもしれません。Ｗｅｂサイトの構築においては、ＰＨＰやJavaScriptなどの情報がよく使われるからです。

重要なのは、緩やかなコンテキストです。あまりきつく縛っても面白さが減少しますし、何でもありを放任してしまうと混乱が増えます。ノイズではなく、スパムのようなものが増えるのもよろしくありません。

とは言え、落ち着くところは使いながら見出していくのがよいでしょう。もしページが増えてきて、それがコンテキストに合わないと感じるなら、別のプロジェクトを作り、そこにページを移動させれば済む話です。この考え方は、常に作り替えていく（リファクタリング）の姿勢と同じです。

二軸のマトリクス

次に、プロジェクトの性質を二軸で考えてみます。1つの軸は「ひとりか複数か」で、もう1つの軸は「プライベートかパブリックか」です。この二軸を取ると、プロジェクトは次の4種類に大別できます。

- ひとり／プライベート
- 複数／プライベート
- ひとり／パブリック
- 複数／パブリック

それぞれ見ていきましょう。

ひとり／プライベート

一般的な情報整理ツールでよく見かける用途です。クラウドにデータを上げるものの Web には公開せず、自分ひとりだけでそのデータにアクセスする使い方です。私のように仕事情報を管理する使い方もできますし、読書メモや勉強ノートなどを作ることもできます。気になる Web ページを保存しておくブックマーク、料理のレシピ、日記、自分用語集、プロジェクト情報の管理、ワーキングスペース（原稿を書く場所）としても使えます。

特に面白いのが、勉強ノートとアイデアノートをミックスして使うことで、知識と知識がリンクしていく感覚が味わえるでしょう。

複数／プライベート

複数人でプライベートで使うと、さらに面白さがアップします。チームでの情報共有が一般的にイメージされますが、たとえば研究会などを行うこともできますし、大学のゼミで使われている例もあります。1人で作る読書メモを、複数人で持ち寄れば新しい形の読書会を実現することも可能です。

情報を持ち寄り、知識をリンクしていくことで、1人だけではたどり着けなかった知のネットワークが構築できます。

また、そこまで「形式」的なものを目指さなくても、日報や業務日誌をScrapboxに書き込んでいくだけで、小さな知見が蓄積されたり、疑問が解消されたりもします。

ひとり／パブリック

運営は1人で行い、ページをWebに向けて公開する使い方です。イメージしやすいのはブログでしょう。Scrapboxでは、自分用のメモを作る感覚で、ブログのような情報発信サイトが運営できます。しかも、ブログのようなきちんとした文章ではなく、知識の断片や書きかけのものもアップしていけます。文章だけでなく、自分の作品を公開するポートフォリオサイトとして使うこともできます。

もちろん、一般的なブログに比べると、機能不足な点はあるでしょう。よく見かけるShareボタンも付けられませんし、アフィリエイト用の広告を自動的に表示させることもできません。あくまで情報を外部に向けて発信するためのシンプルな機能があるだけです。逆に言えば、それだけで目的をはたせるならば、Scrapboxは情報発信ツールとしても使っていけます。

さらに、Scrapbox上で読める「本」や「論文」を提供する使い方もあります。これも情報発信のスタイルと言えるでしょう。

複数/パブリック

パブリックのプロジェクトを複数人で運用すると、さらに用途が広がります。いわゆるブログ・メディア(ブログの形式で、複数人の書き手によって運営されるWebサイトのこと)を作ることもできますし、チームのアウトプットの途中経過を発信することも可能です。同じ考えで、組織の広報活動や、研究結果の発表にも使えます。

もちろん、既存のツールでも同じことは可能でしょう。むしろWordPressのようなCMSを使えば、複数人でのアウトプットが簡単に管理できますし、細かいデザイン設定や便利な機能も付与できます。しかし、そうしたツールは、ある程度の習熟が必要です。簡単には使えないわけです。その点、Scrapboxは、Webサイトを閲覧できるだけのＩＴリテラシーがあれば使うことができ、それがそのまま「情報発信」になります。この点が大きいわけです。

習熟した人でないと使えないのであれば、複数人での運用には偏りが生じます。うまく使える人だけに高い負荷がかかってしまうのです。その意味で、見た目などよりも、「まず情報を出す」ことが重要な場合は、アウトプットメディアとしてもScrapboxは有用な選択肢になります。

さらに面白い使い方もできます。メンバーを自由参加にしてしまうのです。先ほど紹介したように、招待リンクを踏めば、誰でもメンバーとして参加できます。では、その招待リンクを、プロジェクトの中に貼り付けておけばどうなるでしょうか。管理者がいちいち招待リンクを配って回る必要がなくなり、そのプロジェクトを面白いと思った人なら誰でも参加できるようになります。もちろん「誰でも自由に参加できるプロジェクト」の扱いは慎重にならざるを得ませんが、広く意見を求めたい場合には有効でしょう。

実際、運営会社のNOTA Inc.が作っている「Scrapboxへの要望」プロジェクトは、招待リンクが公開されており、自由に要望を書き込めるようになっています。荒らしなどに注意する必要はあるでしょうが、その点に気を付ければ、多様な意見や知識が集められます。

包容力のあるScrapbox

ここまで紹介してきた4つのパターンのどれもがScrapboxの使い方と言えます。どれか1つではなく、これらすべてを内包できるのがScrapboxです。

これまでの情報整理ツールでは、メモツールはメモツールであり、ブログはブログでした。Scrapboxでは、メモ用のプロジェクトと、ブログ用のプロジェクトをそれぞれ作れます。つまり内用と外用が同じツールで完結するのです。そして、操作に関しては両方ともまったく同じに使っていけます。これはなかなか新しい体験です。

Scrapboxは、これまで分断されていた「情報を扱う活動」を1つのツールの中に統合してくれます。この点が、新しさであり、魅力でもあります。

SECTION 21

プロジェクトの実際例

最後に、実際にあるプロジェクトをいくつか紹介しておきましょう。まずは、私が作っているプロジェクト群を紹介し、そのあとで他の方が作られている公開プロジェクトを紹介します。

著者のプロジェクト

私が実際に使っているプロジェクト群です。

倉下忠憲の発想工房(ひとり/パブリック)

アイデアメモを公開しているサイトです。走り書き以上、記事未満の文章が公開されています。『知的生産の技術』(岩波書店刊)という本で紹介されている、情報カードを使ったアイデア蓄積法をScrapboxで実践しているプロジェクトでもあります。

形式的に見ればブログと変わりありませんが、書き手の心理として非常に簡単に書けるのがポイントです。書くための敷居が低い、という言い方もできるかもしれません。

ブログであればきちんと完成させてから公開しなければならないという気持ちが強くなりますが（そしてそれはメリットでもありますが）、Scrapboxではあまりそうした感じは受けません。「Wikiはいつまで経っても未完成」の気持ちで進めていけます。とりあえず書いておき、あとから直す。小さな断片を書き留めておく。そうした軽い気持ちで書いていけます。

また、ページにリンクを付けることで、どんどん関連ページが増え、読者さんがプロジェクトの中を「回遊」できるようにもなります。さらに、頻繁に登場する専門用語があるならば、一度そのページを作って説明を書き込んでおけば、リンクを付けるだけで以降は解説を省略できます。プログラミングで言うところの、関数の使い回しのような感覚です。

読み物記事を書いているブログだと、用語の定義だけの記事があるのはやや不自然に感じられますが、Scrapboxであればまったく違和感はありません。読み物と定義の両方のページを自然に同居させられます。自分が持つ知識の公開場所として、実に最適なスペースです。

倉下忠憲のポートフォリオ(ひとり/パブリック)

自分のプロフィールやこれまでの著作、Ｗｅｂサイトや作成したツールなどを公開しています。

Kurashita's Object Collection(ひとり/パブリック)

本、食べ物、飲み物、ゲーム、書店など、自分が気になったもの、触ったものを紹介しています。ブラウザの「お気に入り」はＷｅｂページのブックマークですが、このプロジェクトは、自分の気に入ったもののブックマークと言えるかもしれません。

MP戦略/倉鷹本(複数/パブリック)

noteというサービスで連載している企画の「バックヤード」を公開しています。主に記事作成のためのメモや、関連情報のクリップが集められています。

のきばトーク（複数／パブリック）

YouTubeで行っている動画番組「のきばトーク」の全アーカイブ・プロジェクトです。その回のテーマをリンク記述することで、回と回がつながっていきます。

このプロジェクトは運営者だけでなく、よく視聴してくださっている方をメンバーに迎えて、記述の協力をお願いしています。

オンライン読書会（複数／パブリック）

『ライフハック大全』（ＫＡＤＯＫＡＷＡ刊）という本の感想をScrapboxで交換するためのプロジェクトです。

Scrapbox研究会（複数／パブリック）

Scrapboxの使い方や話題を集めるプロジェクトです。まだ情報は多くありませんが、ライトな話題からマニアックな話題までを広く扱う予定です。招待リンクを公開しているので、興味がある方ならば誰でも参加できるようになっています。

倉下忠憲'sプロジェクト(ひとり/プライベート)

私の作業場所となっているプロジェクトです。原稿や、アイデアメモ、作業日報などが集まっています。

Scrapboxを使い始めて以来、Scrapbox上で原稿を書くことが増えてきました。次章で紹介するカスタマイズを実施したことで、エディタツールとしても使いやすくなっています。特に活躍しているのは、やはりページリンク記法です。

たとえば、一日の作業を管理するページを作ったとして、「今日は~~を書く」と書き込んだら、その~~をブラケットでくくり、ページリンクにしてしまいます。そのリンクは当然オレンジ色のリンクとなるので、それをクリックして白紙のページを開き、そこで文章を書いていきます。つまり、タスク管理と原稿執筆がシームレスにつながるのです。

また、原稿で扱いたいテーマやキーワードがあるなら、その言葉をリンクにすれば、過去に書き留めたアイデアが「関連ノート」にずらっと表示されます。たとえば、Scrapboxについて何か書く際は、「[Scrapbox]」か「#Scrapbox」を書き込めば、同じリンクを持ったページが一覧できます。日常的にアイデアメモを保存し、リンクを付け加えておけば、一気にそれらをすくい上げられるわけです。

同様に、よく引用する名言も発言者名をリンクにして保存しておけば、使いたいタイミングで発言者名をリンクにするだけで関連ページにそうした言葉を表示させられるようになります。

こうしたことは、他の情報整理ツールでも可能ですが、その場合は「検索」行為が必要となります。一手間余計にかかるわけです。その手間が、原稿を書いている真っ最中には、極めて煩わしく感じられてしまうものなのですが、Scrapboxであれば、ブラケットでくくるだけなのでほとんど手間とは感じられません。言い換えれば、作業をしている最中

●発言者名をリンクにすると保存した言葉が表示される

に、蓄積した情報を利用するのが極めて簡単なのです。これは強いメリットです。

また、一日の作業を管理するページ(デイリーページ)を作るようにすると、作業のリマインドが可能になります。たとえば、8月24日に何かやらなければいけないことがある場合、やることをタイトルにしたページを作り、8月24日ページへのリンクを張っておきます。そうすると、当日にデイリーページを開けば、その作業が関連ノートに表示されるという仕掛けです。

Scrapboxはタスク管理に管理に特化したツールではありませんが、絵文字やアイコン記法を使えばチェックマークを表示させることもできますし、関連ノートを使うことで、ネットワーク的にタスクを管理することもできます。次章で紹介するUserScriptを組み合わせれば、さらにいろいろなことが可能です。

Kurashita's Home(複数／プライベート)

私と妻で共有しているプロジェクトです。2人の共通のスケジュールや、必要な買い物のリスト、よく行くお店などを集めています。何かイベントがある場合も、そのイベント名でページを作っておき、必要な情報を集めたり、あとから結果を書き込んだりもしています。

妻は特にコンピューターに強いわけではありませんが、それでもScrapboxでページを開いて情報を参照したり、新しく書き込むことはできます。インターネットなどまったく触ったことがない、という人はともかく、子どもさんから高齢者まで扱いやすい操作系になっているので、家族間・チーム間での情報共有にも使いやすいでしょう。

蔵の下(複数/プライベート)

ネット上の知人をメンバーに加えたプロジェクトです。大きなテーマはありませんが、知的生産の技術に関する話題が多く登場します。話題のトピックや最近気になっている事柄や書籍、少しオープンにはしにくい考えを開示する場所でもあります。メンバーの職業はバラバラなのですが、これは「ルナー・ソサエティ」(知識人、学者、経営者などが集まり自由闊達に議論が行われた会合)をイメージしてあえてそのようなメンバー構成にしています。

本書の執筆プロジェクト(複数/プライベート)

私と編集者さんで共有している、本書用のプロジェクトです。本文のテキストデータが集まっています。執筆を進める上での課題や懸念材料なども保存されています。

さまざまなプロジェクト

筆者以外にも数多くのプロジェクトが公開されています。次ページから、ジャンルごとに分けて紹介します。

ポートフォリオ・ブログ系

ポートフォリオやブログとして公開されているプロジェクトです。

プロジェクト名・URL	説明
syunichisuge https://scrapbox.io/syunichisuge/	菅俊一さんのポートフォリオ・サイトです
オオタキラジオ https://scrapbox.io/ootaki	埼玉県狭山市の工務店、大滝建築事務所（https://ootaki.info/）のポートフォリオサイトです
shiology.org https://scrapbox.io/shiology/	塩澤一洋さんのブログです。教育関係の話題が豊富です
増井俊之 https://scrapbox.io/masui	NOTA Inc.のCTOでもある増井俊之さんのプロジェクト。ポートフォリオ＋ブログのような形式です
progfay-pub https://scrapbox.io/progfay-pub	@progfayさんのプロジェクトです。大胆に見た目が変更されています
渡邊恵太研究室 https://scrapbox.io/keita-lab/	明治大学総合数理学部先端メディアサイエンス学科の渡邊恵太研究室のプロジェクトです。こちらも大きく見た目が変更されています

アウトプット系

小説やマンガなどのプロジェクトです。

プロジェクト名・URL	説明
仮題「竜と生贄の乙女」 https://scrapbox.io/kirinoLabo	小説がアップされているプロジェクトです
マンガでわかるScrapbox https://scrapbox.io/wakaba-manga/	湊川あいさんによる同名の漫画が掲載されています
kangadan https://scrapbox.io/kangadan	幸田露伴の『観画談』が読めるプロジェクトです。本文と、文中に登場する単語の意味がリンクによってつなげられています。新しい読書スタイルを感じさせてくれるプロジェクトです
塩澤一洋:教育におけるIT利用に関する著作権法改正案とScrapboxによるアクティブ・ラーニングの効用 https://scrapbox.io/shiozawa88/	タイトル名の論文が掲載されています

知識・情報まとめ系

1つのテーマに関する情報がまとめられたプロジェクトです。

プロジェクト名・URL	説明
バーチャルYouTuberに起きた出来事をまとめるWiki https://scrapbox.io/vtuber/	バーチャルYouTuberの情報を集めています
鎌倉大好き♥CLUB　鎌倉ともだち https://scrapbox.io/Kamakura-Love	Facebookの鎌倉大好き♥CLUB鎌倉ともだちグループで紹介された店や写真などを索引的に記録しいるページです
プログラミングの練習問題 https://scrapbox.io/prog-exercises	プログラミング教育に使えそうな問題を共有するWikiです
カルバートの「ソフトウェアテスト」メモ https://scrapbox.io/culvert-suppose/	ソフトウェアテストに関する情報やイベントがまとめられています
やわらかVue.js https://scrapbox.io/vue-yawaraka	JavaScriptフレームワークのVue.jsについてまとめられています
著作権法 https://scrapbox.io/Chosakukenho	民法の著作権法をScrapbox化しています

思考メモ+読書メモ系

個人の考えたこと、アイデアメモがまとめられたプロジェクトです。

プロジェクト名・URL	説明
choiyakiBox https://scrapbox.io/choiyakiBox/	choiyakiさんが公開しているScrapboxです
irodraw public https://scrapbox.io/irodraw/	彩郎(@irodraw)さんが公開しているScrapboxです
西尾泰和のScrapbox https://scrapbox.io/nishio/	西尾泰和さんが公開しているScrapboxです

NOTA Inc.の方のプロジェクト

Scrapboxの開発元であるNOTA Inc.の方のプロジェクトです。Scrapboxの哲学に触れられます。

プロジェクト名・URL	説明
Rakusai Public https://scrapbox.io/rakusai/	Nota Inc.代表の洛西一周さんのScrapboxです
秋山界面帳 https://scrapbox.io/akiroom/	NOTA inc. VP of Engineeringの秋山博紀さんのScrapboxです
橋本商会 https://scrapbox.io/shokai/	NOTA inc.のエンジニアの橋本翔さんのScrapboxです
daiiz https://scrapbox.io/daiiz/	NOTA inc.のエンジニアの飯塚大貴さんのScrapboxです

Scrapboxの情報関連

Scrapboxの操作方法やカスタマイズ方法などの情報が掲載されているプロジェクトです。

プロジェクト名・URL	説明
Scrapboxヘルプ https://scrapbox.io/help-jp/	本書で紹介してきたような操作方法がまとまっています。英語版もあります
Icons https://scrapbox.io/icons/	Scrapbox内で重宝しそうなアイコンが集まっています
Scrapboxへの要望 https://scrapbox.io/forum-jp/	Scrapboxへの要望を集めるプロジェクトです。招待リンクが掲載されているので、誰でも書き込めるようになっています
Scrapboxカスタマイズコレクション https://scrapbox.io/customize	次章で紹介するカスタマイズが集められています
scrapbox-drinkup https://scrapbox.io/scrapbox-drinkup	「scrapbox-drinkup」というイベントに関する情報が集められたページです。イベント内で使われているスライドや参加者などが一覧できます
Scrapbox活用事例集 https://scrapbox.io/InterestingProjects	Scrapboxの使い方がまとめれたプロジェクトです。このプロジェクトは、自由に参加できる形式になっています。皆さんも、新しいプロジェクトを作成したら、ここに書き込んでみるとよいでしょう。そのような参画が、知のネットワークを拡大させていきます
Scrapboxとあそぶ https://scrapbox.io/scrasobox/	NOTA Inc.の公式プロジェクトではありませんが、UserCSSやUserScriptの話題が豊富なプロジェクトです

SECTION 22

本章のまとめ

本章ではプロジェクトの作り方と実際例を紹介しました。

もし実際例をいくつか見て、こんな使い方ができるかもしれない、とインスピレーションが湧いてきたなら、さっそくそのプロジェクトを作ってみてください。それが一番手っ取り早い始め方です。

インスピレーションが湧いてこない場合には、自分用のメモ帳や備忘録として、あるいは興味・関心があるテーマの情報収集から使い始めてみるのもよいでしょう。日常的にチームで活動されているなら、そこでの情報共有や意見交換に使うことを検討してみてください。Scrapboxの強力さと面白さが体感できるはずです。

実例をご覧頂いた通り、Scrapboxはさまざまな使い方ができます。仕事・プライベート・趣味・勉強・研究・仕事外の活動など、情報を扱う活動であれば何かしらの用途が見出せるでしょう。

別段「これが正解です」と言えるような使い方はありません。プロジェクトの粒度をどう設定しても構いませんし、どんな情報を放り込むかも自由です。試しにいろいろ作ってみて、そのあとでプロジェクトを再編してみるのもよいでしょう。そうした姿勢も、リファクタリング的と言えます。

とりあえずは、堅苦しく考えるのではなく、少し「遊ぶ」ような気分でプロジェクトを作ってみるのが、Scrapboxの感覚を掴む上ではよいでしょう。

これでScrapboxを使い始める準備は整いました。次章では、さらにScrapboxと遊んでいけるカスタマイズについて紹介します。

Column

テキストキャレットの息づかい

複数人での運用時に限定されますが、ぜひとも体験してもらいたい機能があります。それが「複数人によるリアルタイムでの同一ページ編集」です。

Scrapboxには、「保存」ボタンも「送信」ボタンもありませんので、誰かが書き込んだ内容は逐次ページに反映されていきます。チャットのように相手が文章を入力し終えるまで何を言おうとしているのかがわからない、といったことはありません。対面での会話と同じく、読みながら先回りして、自分の応答を考えておけます。

それだけではありません。相手の入力終わりを待たずとも、新しく行を作って書き込むことが可能です。チャットではそうした入力は文脈をぶつ切りにしてしまいますが、行単位で独立しているScrapboxならば問題ありません。それぞれが勝手に(あるいは並行で)入力していっても、全体の流れは阻害されません。さらにチャットと違って、いくらでも過去の発言にレスポンスを付けていけます。ようするに、各自が相手の発言のタイミングを気にせずに、思ったことを即時に書き出していける環境が整っているのです。

それだけではありません。複数人で編集している際、Scrapboxではそれぞれのメンバーのテキストキャレットが表示されます。相手が操作しようとしている行が可視化されるのです。これはいわゆるノンバーバル(非言語)な情報で、それによって相手が何をしようとしているのかを察することすら可能になります。私も、お互いのテキストキャレットの息づかいを感じながら、自然な役割分担が発生した経験が少なからずあります。リアルでは相手の動きを見てこちらの動きを変えることは珍しくありませんが、ネット上のリアルタイム・コミュニケーションでそれが発生したのは初めてのことでした。

このように、Scrapboxにおけるリアルタイム同時編集は非常に楽しいものです。機会があれば、ではなく、ぜひ機会を作ってチャレンジしてみてください。

CHAPTER-4
もっと便利にScrapboxを使う

SECTION 23

簡単なカスタマイズ

本章では、Scrapboxのカスタマイズについて紹介します。Scrapboxのカスタマイズには、簡単に設定できるものと、準備と知識が必要になるやや難しいものがあります。当然、難しい方が高度な設定が可能ですが、誰にでもできるわけではありません。とは言え、抜け道もありますので、ご安心ください。本章ではその抜け道についてもご紹介します。

まずは、簡単に設定できるものから見ていきましょう。

簡単なカスタマイズは、「Settings」メニューで行えます。

Themeの変更

「Theme」タブでは、テーマカラーの変更が可能です。18種類のテーマが用意されています。

テーマはプロジェクトごとに設定できるので、複数のプロジェクトを使い分けている場合は、それぞれでテーマを変えておくと見分けが付きやすくなります。特に、プライベートとパブリックの両方を使っている場合は、見た目ですぐにわかるようにしておくと、誤った書き込みが避けられるのでオススメです。

もし、ここで用意されているもの以外の色を使いたい場合は、後ほど紹介するUserCSSを使いましょう。

◉テーマカラーの変更

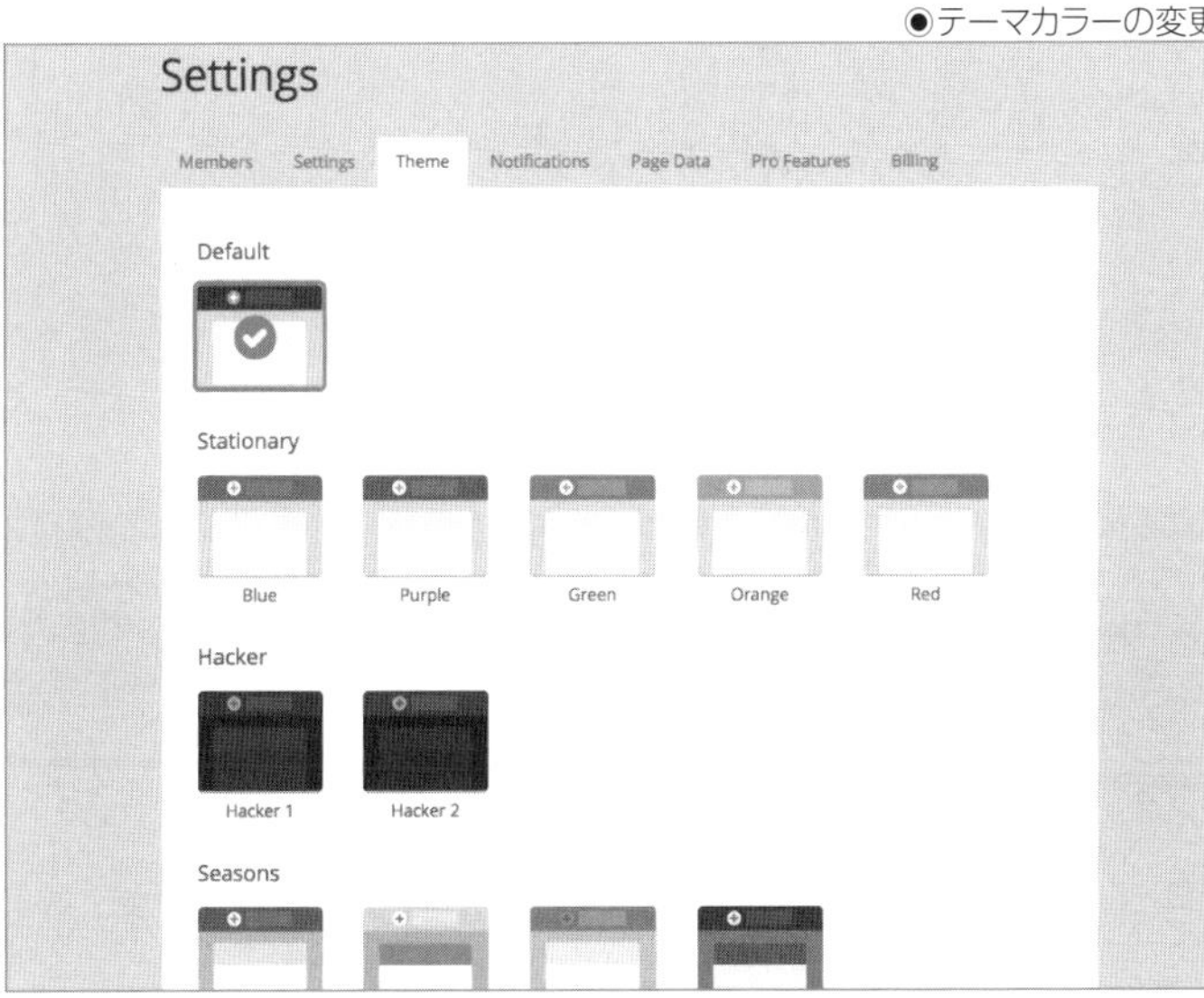

Webクリップ用ブックマークレット

ScrapboxにWebページの情報を取り込むときに便利なのが、ブックマークレットです。ブックマークレットとは、Webブラウザの「お気に入り」(ブックマーク)に登録するスクリプトのことで、Webページに対してさまざまな操作が行えます。

「Settings」メニューの「Page Data」タブには、そのブックマークレットが準備されています。表示されているリンクを、そのままブラウザのブックマークメニューにドラッグすれば登録完了です。あとは、取り込みたいWebページを開いた状態で、その「お気に入り」を押すと、ページのタイトル候補が表示されるので、OKボタンをクリックすれば、閲覧しているページがScrapboxに取り込まれます。

●取り込みの確認画面

●取り込まれたページ

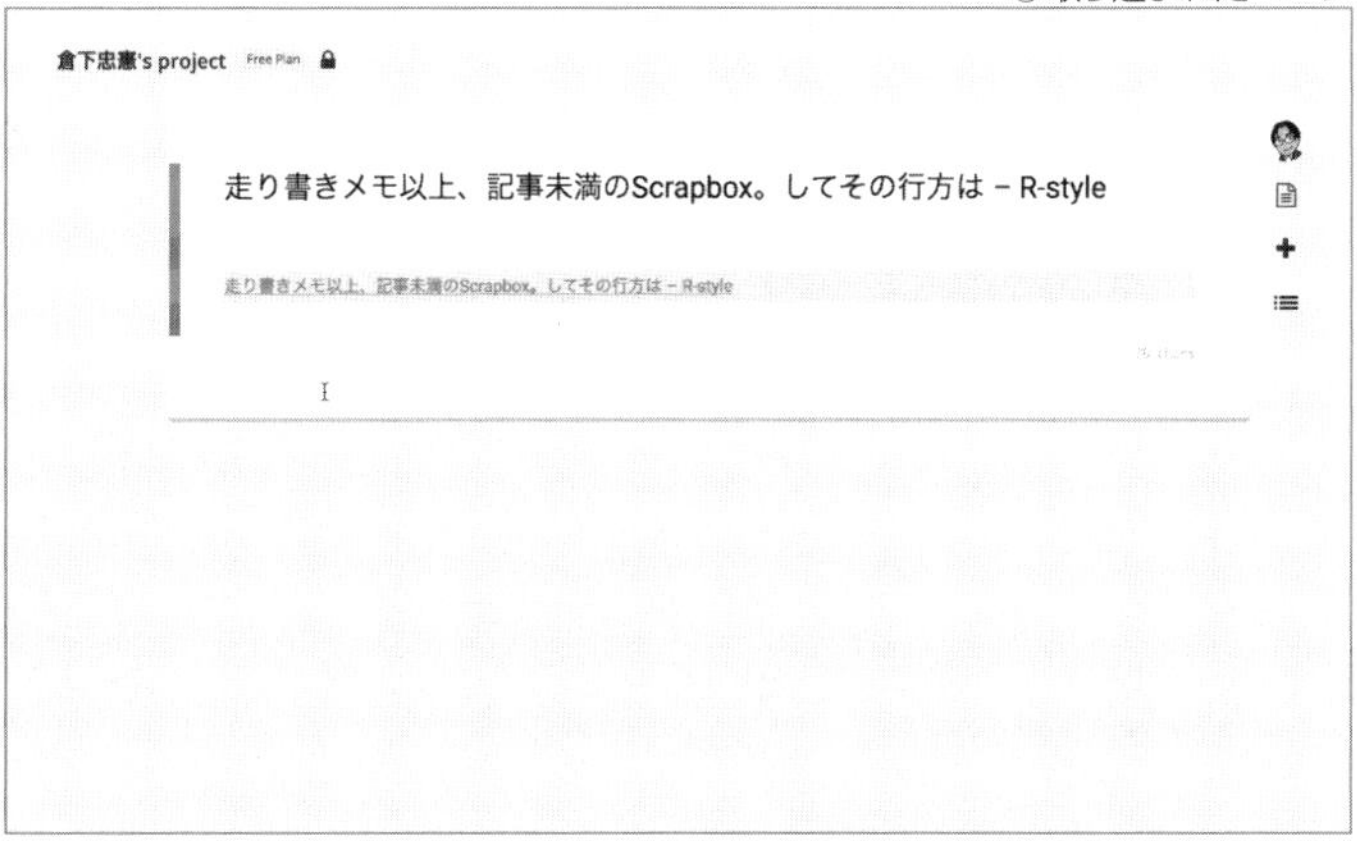

●テキスト付きで取り込まれたページ

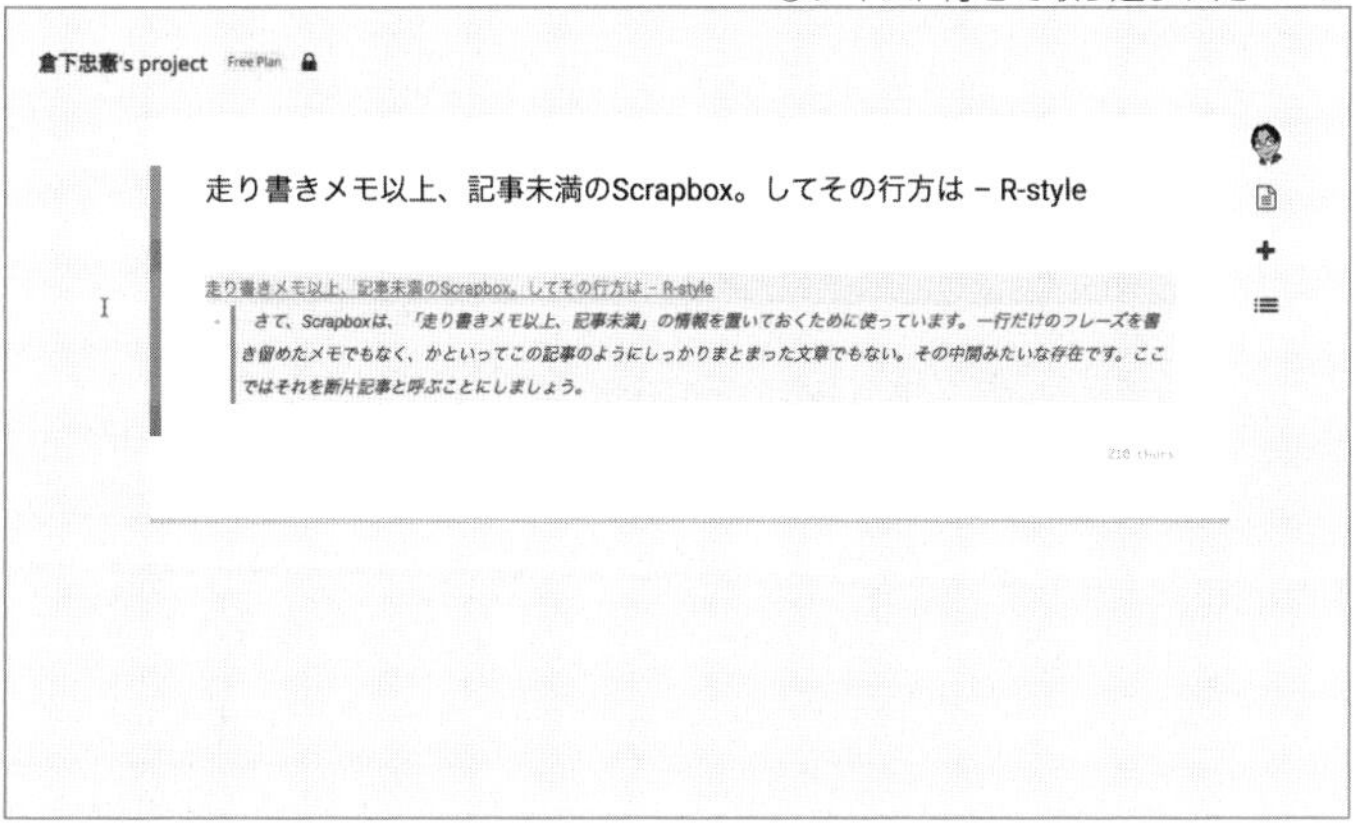

何かしらのテキストを選択した状態でブックマークレットを発動させると、そのテキストも一緒に取り込まれます。

もし、JavaScriptの読み書きができるなら、自分でブックマークレットの動作を修正したり、あるいはまったく新しいブックマークレットを作成することもできます。詳しくは後述するブックマークレットの項目をご覧ください。

Slack連携

Slackというチャットツールをお使いの場合は、Scrapboxとの連携が可能です。「Notifications」タブから設定できます。

●「Notifications」タブ

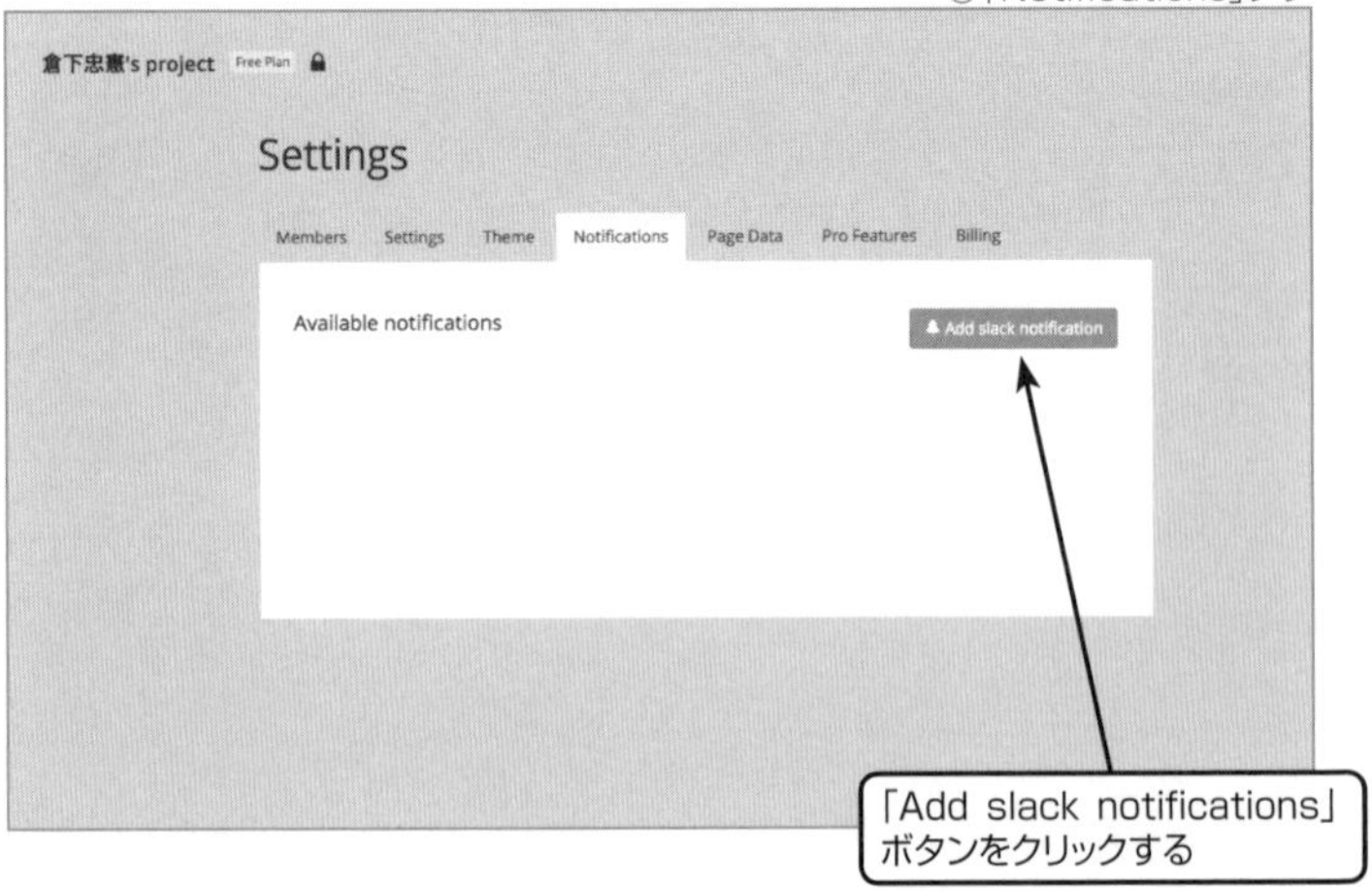

まずは「Add slack notifications」ボタンをクリックします。そして、次の画面の「Slack Notification URL」欄にWebhook URLを入力します。

Webhook URLはSlack側で発行されるURLです。Slackにログインした状態で、青字の「Slack Notification」リンクを踏めば、Slackの設定画面に飛びますので、そこで設定を済ませて、URLをコピーして貼り付けてください。

●Webhook URLを入力

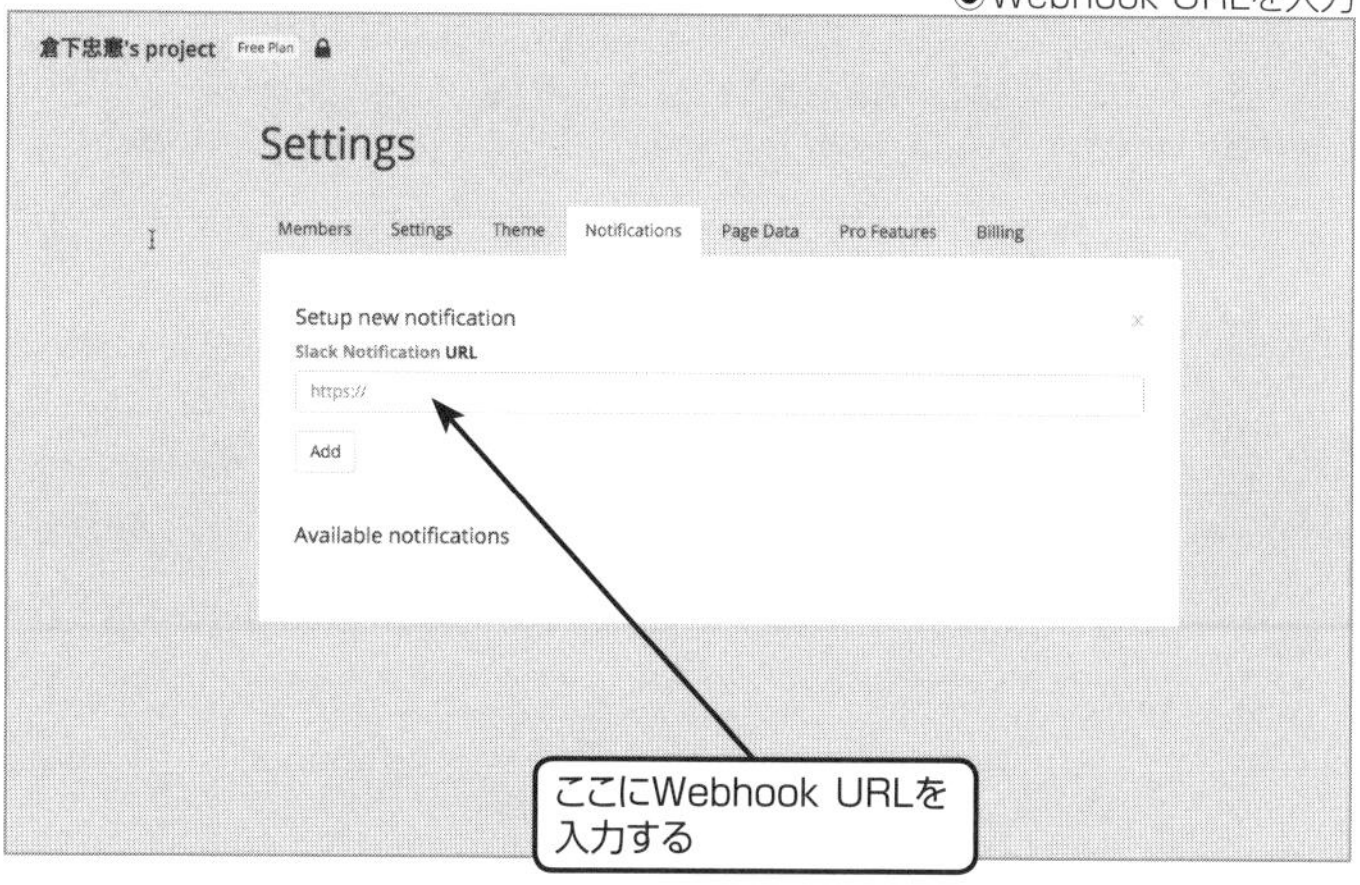

●Slack側の設定ページ

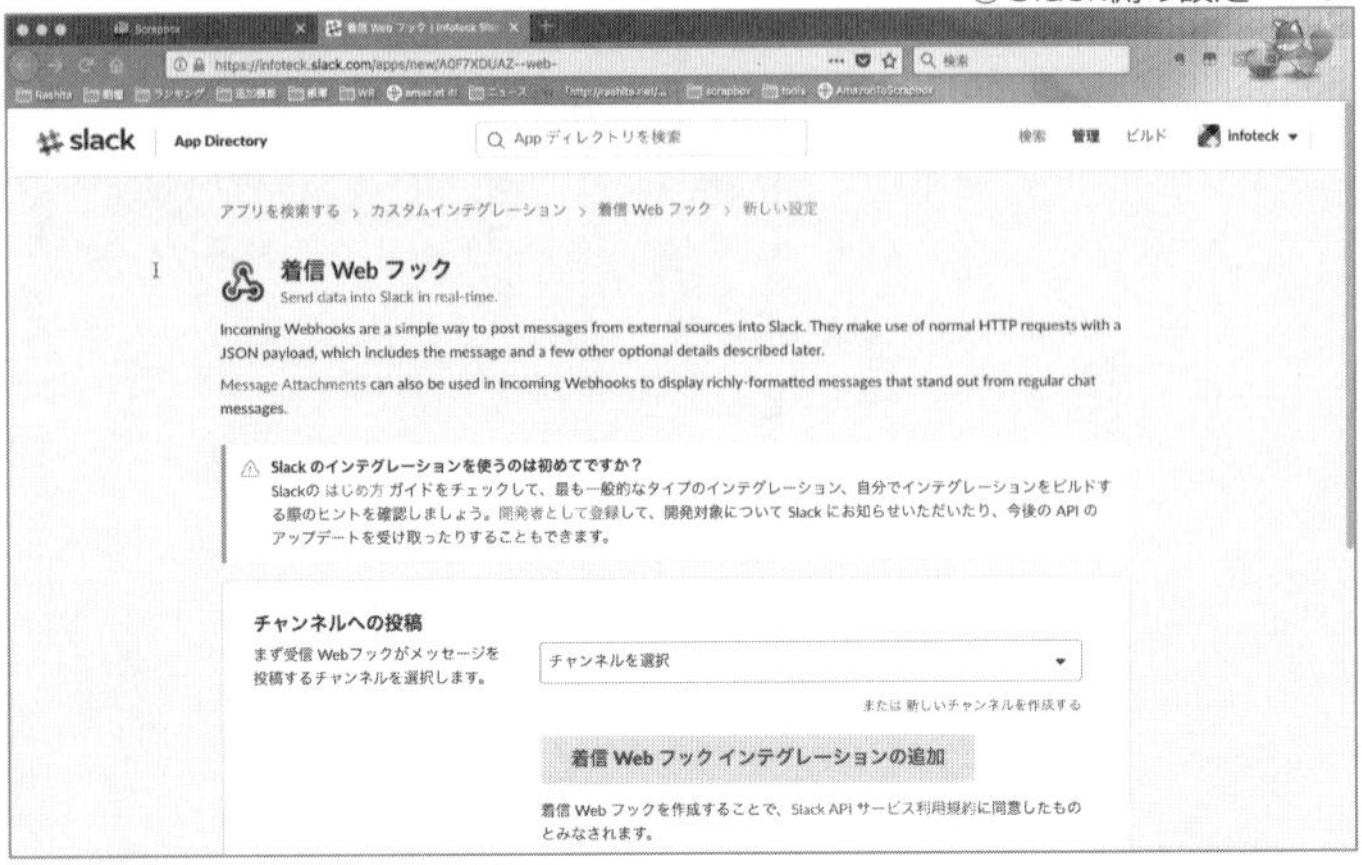

●Webhook URL

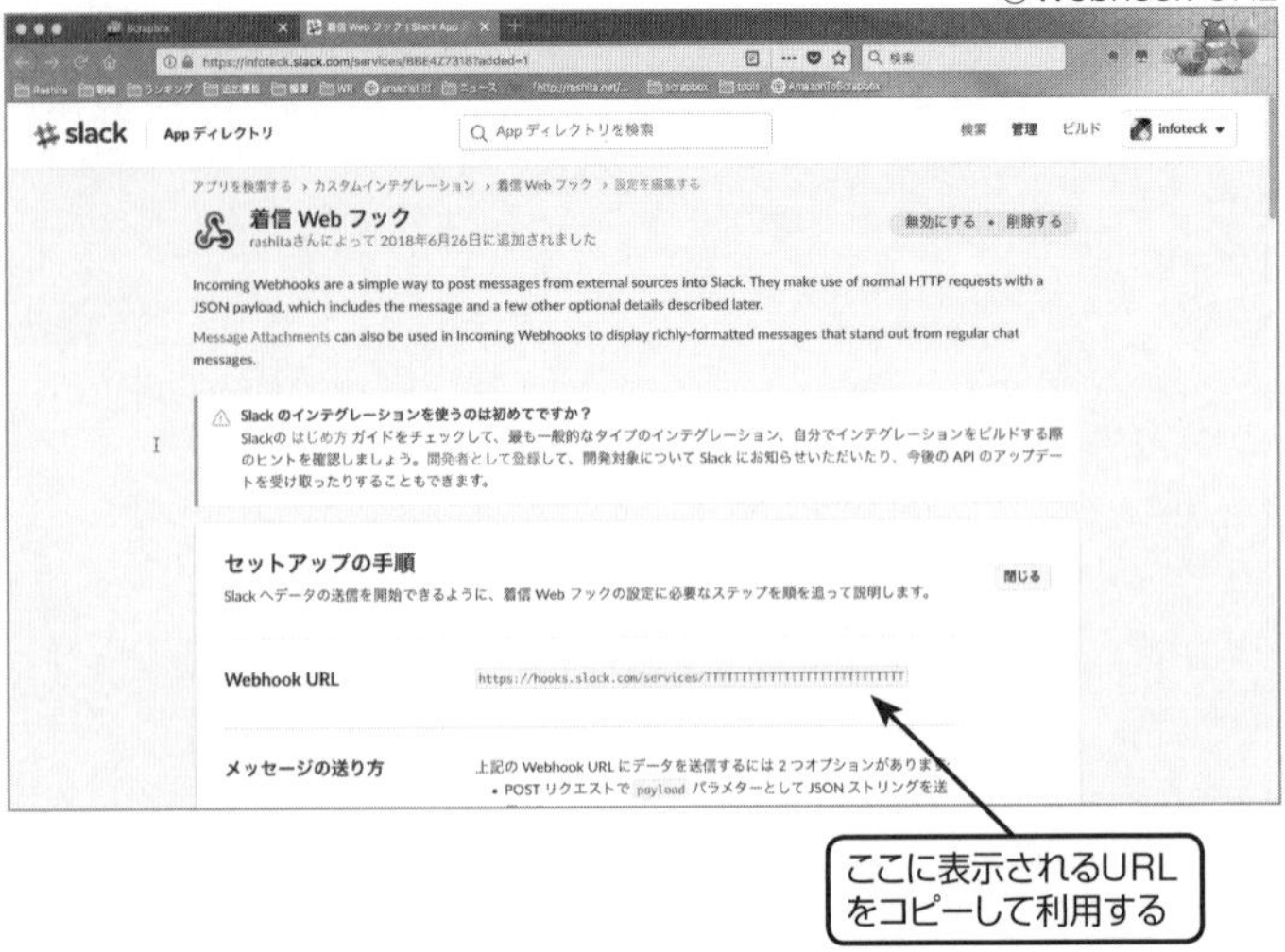

一度、設定を済ませておけば、以降そのプロジェクトに更新があるたびに、Slackに通知が飛ぶようになります。複数人でプロジェクトを管理している場合に便利な機能です。

ただし、この設定ができるのはプロジェクトの作成者（管理人）だけで、招待されたメンバーは通知の設定ができません。通知は複数設定できるので、もし自分が所属するプロジェクトから自分のSlackに通知を飛ばしたい場合は、管理人にお願いしてみるとよいでしょう。

インポート／エクスポート

Scrapboxでは、データのエクスポート（書き出し）およびインポート（取り込み）ができます。「Page Data」タブに両方のボタンがまとめられています。

エクスポートを行うと、そのプロジェクトに含まれるページの全データが、JSON形式でダウンロードできます。データをクラウドとは別に保存しておきたい場合、あるいは別のツールに読み込ませたい場合に便利です。また、エクスポートしたデータを別のプロジェクトにインポートすれば、プロジェクト間のデータ移動も可能です。

インポートできるファイルは、Scrapboxから書き出したファイルに限られません。書式にマッチしたJSONファイルであれば自分で作ったものでも読み込めます。この仕組みを使えば、他の情報整理ツールからScrapboxへデータを移行させることもできます。

読み込める書式のサンプルは、「Page Data」タブ内に表示されているので、それを参考にするとよいでしょう。JSON形式に慣れていないと少しわかりにくいかもしれませんが、書いてあることは実は単純です。「"title":」の後ろに、ページのタイトルを記入し、「"lines":」の後ろに本文を書き込みます。本文の改行は「,」(カンマ)で示します。それ

●JSON形式のサンプル書式

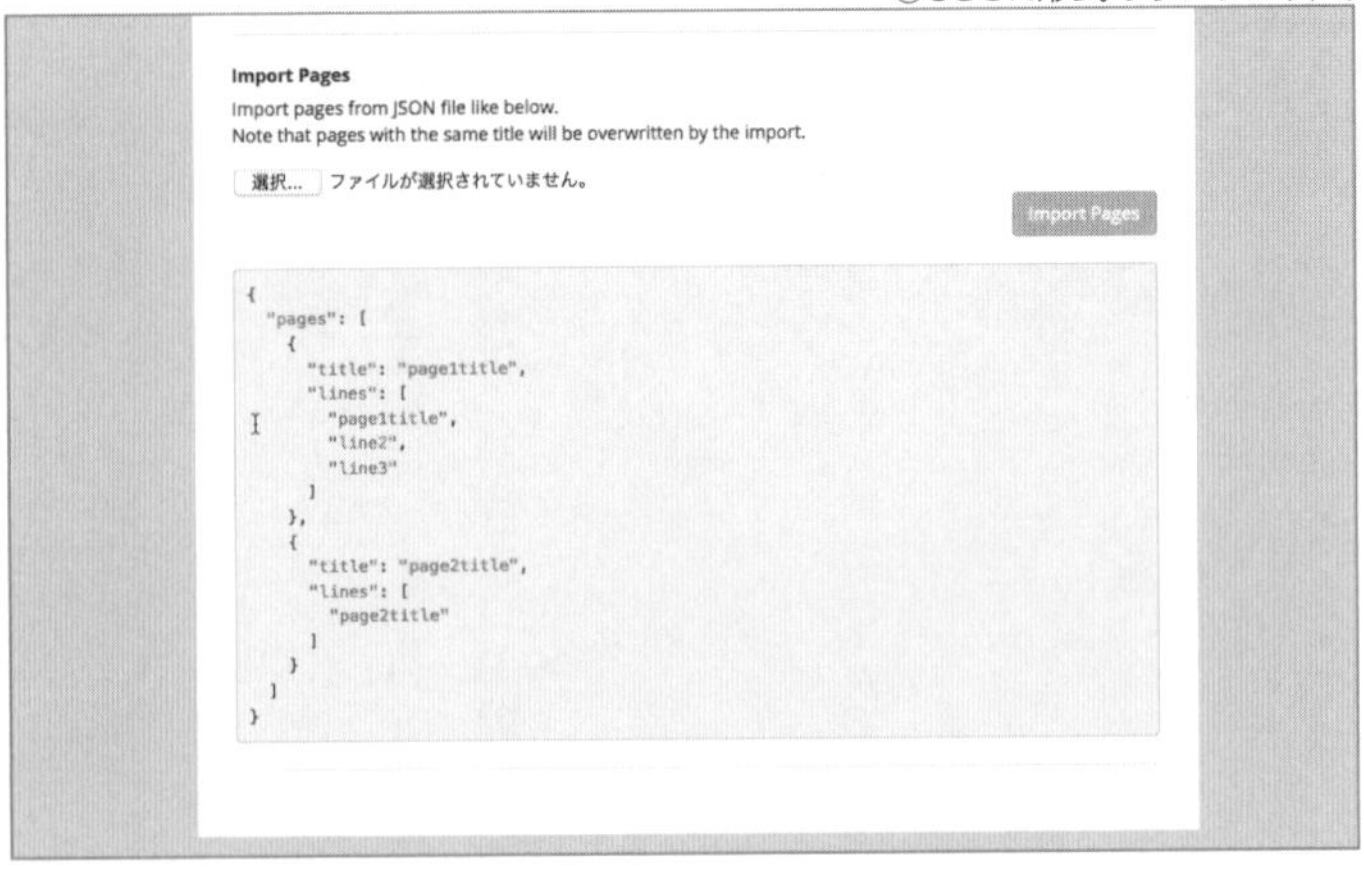

がワンセットになっていて、あとはページ数の分だけ同じことが繰り返されているだけです。

こうした書式のファイルをテキストエディタなどで作成し、scrapbox.jsonといった名前を付けて保存してから、インポートボタンで読み込めば、一気にScrapboxに情報を取り込めます。

また、そうした取り込みを補助してくれるコンバーターもあります。

● pastak/scrapbox-converter

https://github.com/pastak/scrapbox-converter

このコンバーターは、マークダウン、HTML、Evernote形式のファイルをScrapboxにインポートできるJSON形式に変換してくれます。うまく使えば、データの移行が容易になります。

さすがに手書きで一つひとつ作っていくのは難しいでしょうが、多少スクリプトやマクロが使えるなら、ファイルの生成は簡単です。もし、他の情報整理ツールにやまほど情報が溜まっていて、それをScrapboxに移動させたい場合は、このインポートによる取り込みを検討してみてください。

メンバー権限

カスタマイズとはやや異なりますが、「Settings」メニューの「Members」タブでは、プロジェクトメンバーの管理が行えます。

参加したメンバーの削除や、権限委譲（別の人をプロジェクトのオーナーにすること）もできます。

管理人とほぼ同様の権限を持つサブ管理人（admin）の設定も可能です。サブ管理人はほとん

◉メンバー管理画面

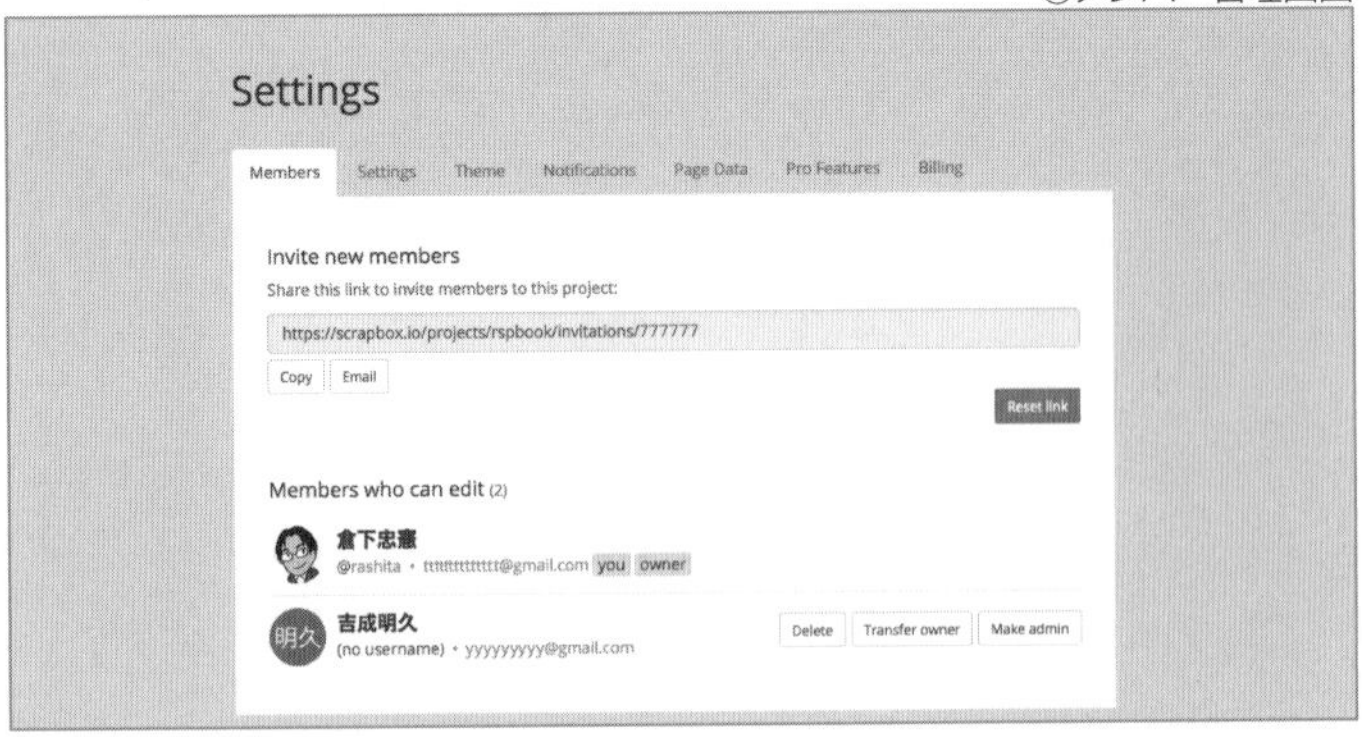

どのことができますが、オーナーをプロジェクトから追い出したり、他のサブ管理人を指定したりといったことはできません。

第3章で紹介した紹介リンクもここから取得できます。何かしらの事情で紹介リンクのURLを変更したい場合は、「Reset link」で可能です。

以上が簡単なカスタマイズ方法でした。次に、やや難しいカスタマイズに取りかかってみましょう。

SECTION 24

UserCSSとUserScript

Scrapboxには、UserCSSとUserScriptという2種類のカスタマイズ機能があります。この2つの機能が、Scrapboxの拡張性を支えています。

UserCSSは、主に見た目のカスタマイズを担当します。少し先回りしておくと、CSS(カスケーディング・スタイル・シート)を自分で書けるのがUserCSSです。対してUserScriptは、主に機能周りのカスタマイズを担当します。UserScriptでは、JavaScriptが自分で書けます。

CSSとJavaScriptの2つは、普段からWebサイトを制作している人であればお馴染みでしょうし、そうでない人にとっては知識がまったくない状況でしょう。では、後者のような人にはカスタマイズは不可能なのかというと、そんなことはありません。これから説明していくように、CSSとJavaScriptについてほとんど知らなくても、ある程度のカスタマイズは可能になっています。

とは言え、あまり先走るのはやめておき、まずは導入手順からみていきましょう。

導入方法

最初に設定を確認します。メニューから「Edit Profile」を開き「Personal Settings」タブを選択します。その中に「User Script」の項目があるので、それが「Enabled」になっているかどうかを確認しましょう。チェックマークが付いていれば使用可能になっています。

この設定は、プロジェクトごとではなく、全プロジェクトに適用されます。複数プロジェクトを運用している場合には注意して

●「Personal Settings」の設定画面

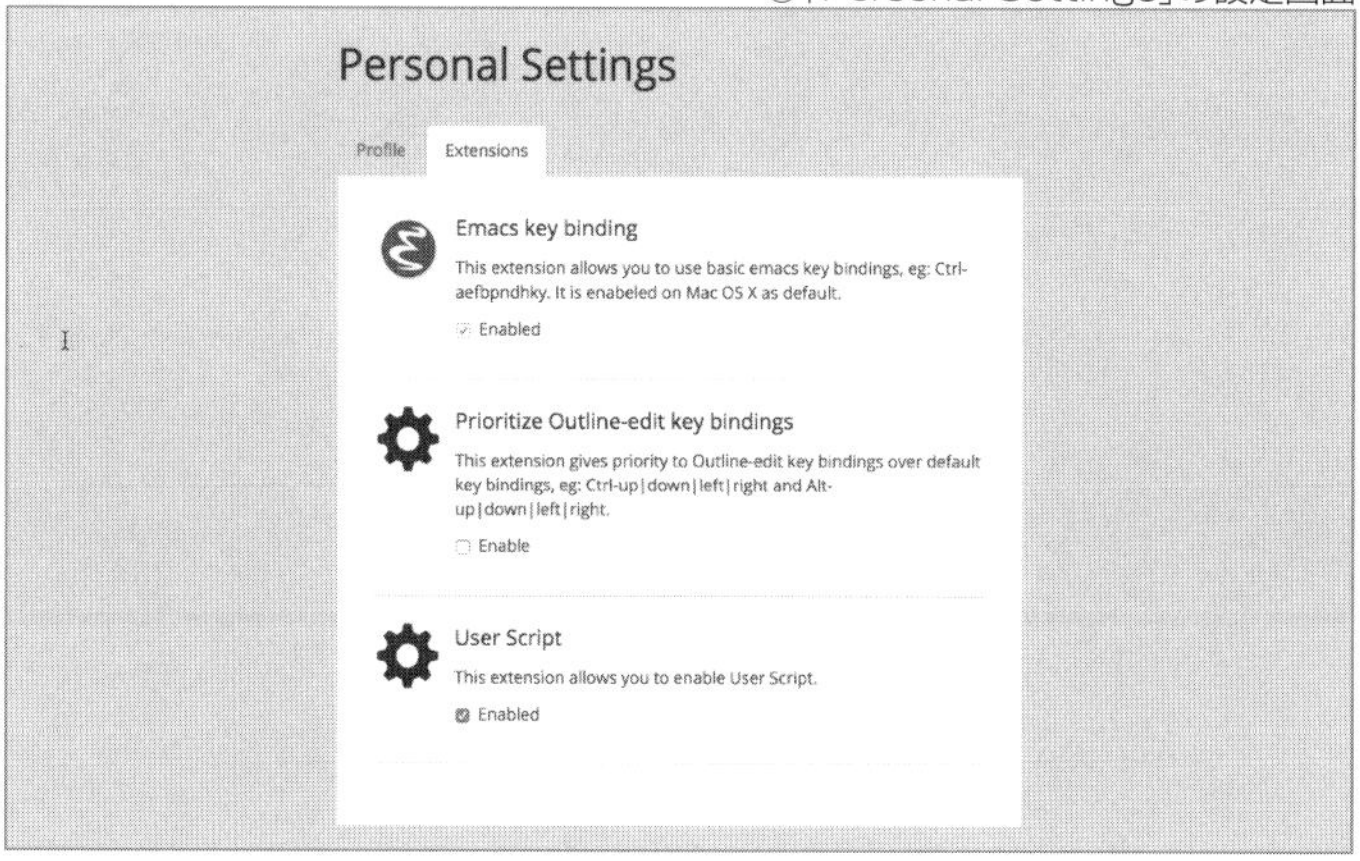

ください。

また、使うのがUserCSSだけであれば、この設定は飛ばしてもらって構いません。あくまで、UserScriptを使うための設定です。

なぜ、UserScriptを使うために設定が必要なのかというと、UserCSSが見た目を変更するだけなのに対して、UserScriptは内容の変更など、ページにかなりの影響を及ぼせるからです。よって、扱いには一定の慎重さが求められます。

このことは、UserCSSとUserScriptの適用対象の違いにも表れています。UserCSSは、「自分だけに適用する」と「閲覧者全員に適用する」が選べますが、UserScriptは「自分だけに適用する」しか選べません。言い換えれば、設定したJavaScriptは他の人に作用させられないのです。これもセキュリティを考えれば妥当な適用対象と言えるでしょう。

つまり、Scrapboxによって公開されるWebサイトでは、変な広告が表示されることもなく、意図しないページに飛ばされることもありません。安心して閲覧できます。一方で、自分で使う分には自由にJavaScriptを設定できます。この非対称性は、小さいながらも重要です。

コードを記述する場所

次に、UserCSSとUserScriptを記述する場所についてです。

まずUserCSSの「閲覧者全員に適用する」ものについては、「settings」ページに書き込みます。メニューにある「Settings」ではなく、プロジェクト内に「settings」というタイトルのページを作り、そのページに直接書き込んでいきます。ちなみに、「setting」と「s」が抜けたタイトルではコードが発動しないので注意してください。

UserCSSとUserScriptの「自分だけに適用する」については、「自分のページ」に書き込みます。「自分のページ」は第3章にも登場しましたが、もう一度、確認しておきましょう。

◉「自分のページ」の確認

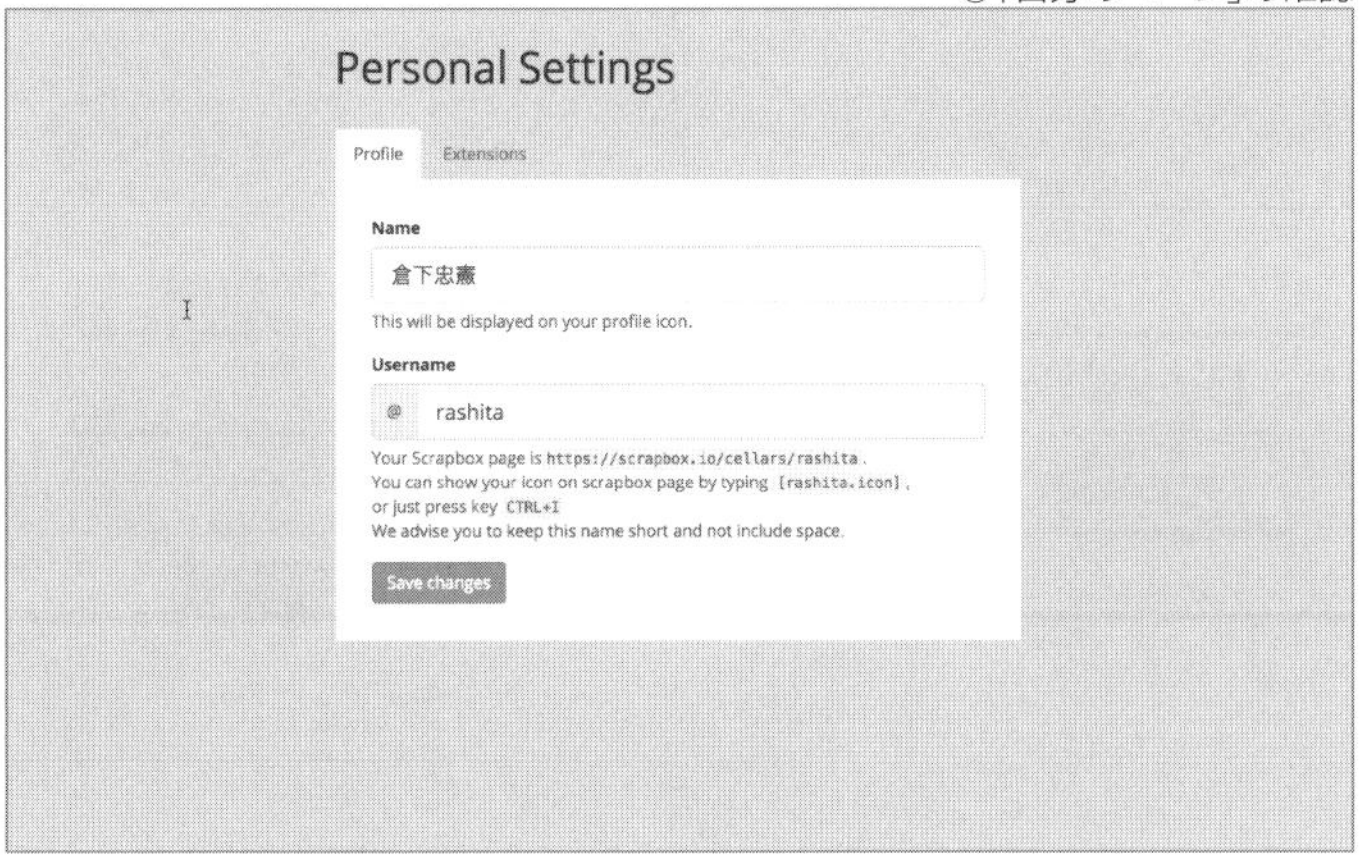

メニューの「Edit Profile」にある「Personal Settings」で「Username」が確認できます。この「Username」をタイトルに持つページが「自分のページ」です。

もし私の「Username」が「rashita」であれば、「rashita」というタイトルを持つページが私にとっての「自分のページ」です。ここに、UserCSSやUserScriptを書き込めば、自分だけに適用されます。

簡単な実例

さて、仕組みを把握したところで、実際に導入してみましょう。簡単なUserCSSからやってみます。

●UserCSSとUserScriptの記述場所と影響範囲

	「自分のページ」	settings
UserCSS	○	○
UserScript	○	×
	自分だけ	**全閲覧者**

下記の「フォントサイズの変更」のコード記法を、「自分のページ」または「settings」ページに入力し、Webブラウザでページをリロードしてください。うまく入力できているならば、文字のサイズがかなり大きくなっているはずです。

あるいは、次のページの「文字色の変更」のコードのように入力すると、文字色がやや薄い灰色に

◉UserCSSを記述した画面

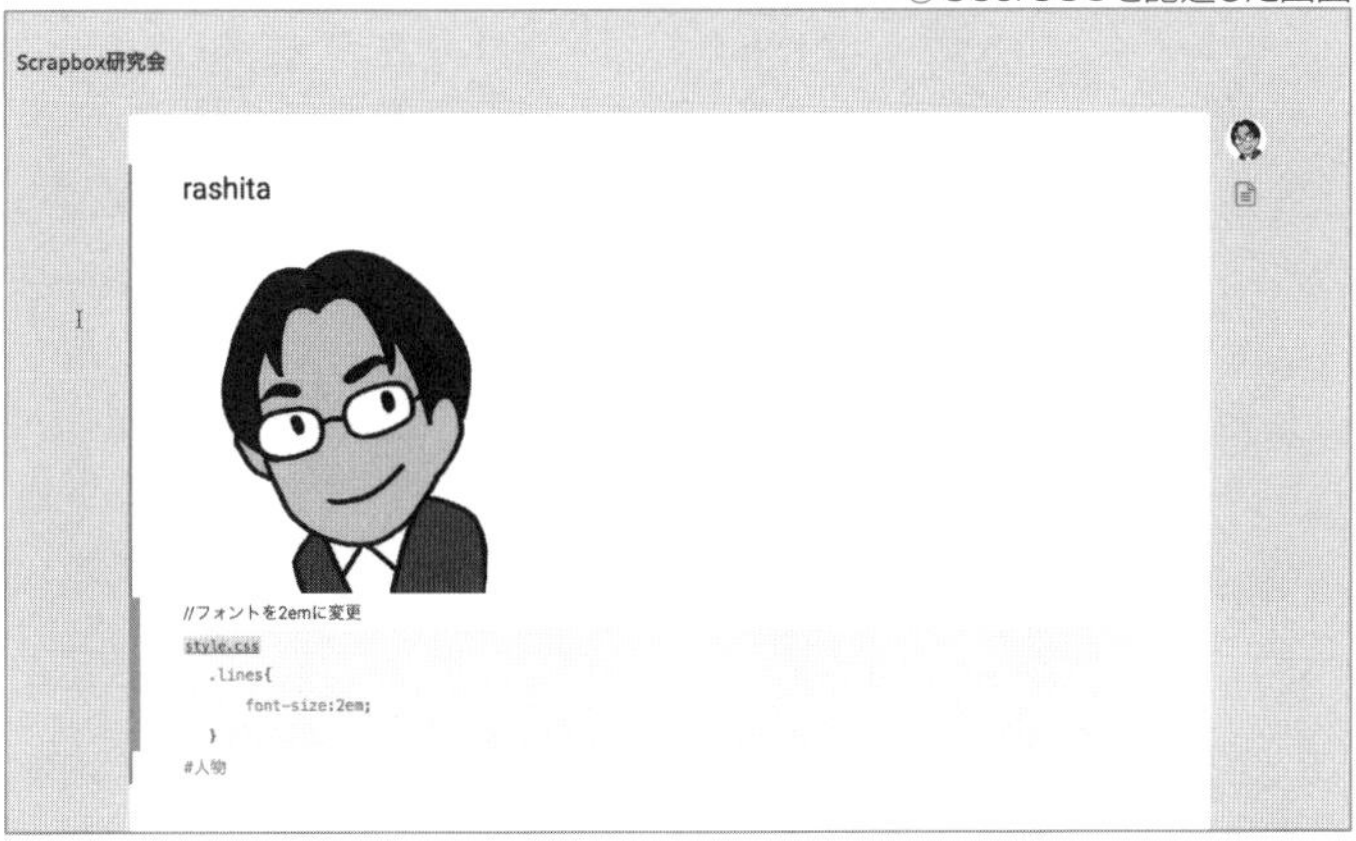

◉フォントサイズの変更

```
code:style.css
  .lines{
    font-size:2em;
  }
```

なります。

これだけではたいした意味はありませんが、いくつかの記述を追加していけば、Themeの変更と同じような、あるいはそれ以上のカスタマイズが可能となります。ページの背景を黒くして文字を緑にしたり、ページのエディタ領域の横幅を拡げるようなこともできます。

UserScriptも、記述の仕方は基本的に同じです。書き込みページが「自分のページ」に限定される点と、コード記法の開始が「code:style.css」ではなく、「code:script.js」な点は違いますが、考え方は変わりません。

◉文字色の変更

```
code:style.css
  .lines{
    color:gray;
  }
```

●UserScriptを記述した画面

●UserScriptによってアラートが表示された

ただし、UserScriptに変更があった場合は、新規でページを読み込んだ際（あるいはリロードした際）に、コードを読み込んでよいのかの確認が出ますので、ボタンをクリックして実行を許可してください。

豆知識ですが、もしUserScriptを書き換えた際に、ページの内容を書き換えられないバグが出てしまい、UserScriptを修正できなくなってしまった場合は、あわてずに別のブラウザでそのプロジェクトを開きましょう。そうすると、確認画面が出てくるので、ボタンを押さずにエラーが出ているページの記述を修正すれば以前の状態に復帰できます。

◉コード読み込みの確認画面

コードを入手する

これでUserCSSとUserScriptの準備は整いました。あとは自由自在にScrapboxをカスタマイズしていけばよいのですが、そのために「今日からはじめるCSS」や「誰でもわかるJavaScript」といった本を読んでくださいというのも酷な話です。そこで、抜け道を通りましょう。

お気付きになられたでしょうか。UserCSSやUserScriptは、どこかの設定ファイルに書き込まれるわけではありません。あくまでScrapboxの1ページとして記入され、その他の情報と同じようにプロジェクトの中に並びます。ということは、公開されているScrapboxプロジェクトであれば、その人が使っているUserCSSやUserScriptも一緒に公開されているわけです。これが抜け道になります。

つまり、こういうことです。他の人のプロジェクトで面白そうなカスタマイズを発見したら、そのコードをコピーして、「自分のページ」（あるいは「settings」ページ）に貼り付けてしまう。それだけで、自分のプロジェクトにもそのカスタマイズが適用できます。言い換えれば、他の人のUserCSSやUserScriptをプラグインのように扱えるのです。

この仕組みのおかげで、CSSやJavaScriptに関する知識がなくても、Scrapboxをカスタマイズしていけます。もちろん、多少の知識はあった方が都合は良いのですが、自分で一からコードが書けるほどのレベルは必要ありません。書いてあることが読めれば充分です。それですら、英単語が理解できればわかることはかなりあります。


ですので、他の人のプロジェクトを訪問した際には、そこにある情報だけでなく、「自分のページ」や「settings」ページも一緒にのぞいてみましょう。面白いカスタマイズに出会えるかもしれません。

「settings」ページは検索で見つけられますし、「自分のページ」は、「UserCSS」や「UserScript」というキーワードで検索すると見つけられる可能性があります（共に存在しない場合もあります）。そして、面白そうなコードを見つけたら、ぜひそれをコピーして使ってみましょう。カスタマイズの第一歩です。

第3章で紹介したプロジェクトでも、UserCSSやUserScriptはたくさん公開されています。特に、「Scrapboxカスタマイズコレクション」はカスタマイズ情報を集めたプロジェクトなので大いに参考になります。また、「Scrapboxとあそぶ」も面白いテクニックが多数、紹介されています。まずは、こうしたプロジェクトをのぞいてみて、自分に使えそうなものをピックアップしてみるとよいでしょう。

また、そのままコピーして使うだけでなく、多少アレンジすることもできます。コードの読み書きができなくても、数字部分なら変更は簡単です。たとえば最初に挙げた「font-size:2em;」は、「font-size:1.5em;」や「font-size:3em;」にすぐに書き換えられますし、そうすればどうなるのかも予想が付きやすいものです。

さらに、色の指定に関してもカラーコードに慣れてしまえば難しくありません。CSSでよく使われる色の指定は、シャープマークで始まる6桁の数字で、それぞれの桁には十六進数が使われます。たとえば、「#A3F94C」のような書き方です。この6つの数字は3つのブロックから成っていて、それぞれ2つの数字が赤・緑・青の色の濃さを示します。たとえば、「#FF0000」なら赤色になり、「#FF00FF」なら紫色になります。「#000000」は黒に、「#FFFFFF」は白になります。

こうした点をおさえておくだけでも、ぐっとアレンジは進めやすくなります。

コードを公開する意識を持つ

他の人が公開しているUserCSSやUserScriptが参照できるのですから、自分が公開しているプロジェクトのUserCSSやUserScriptも他の人に参照される可能性があります。よって、できるだけ他の人が使いやすいようにUserCSSやUserScriptを書いておくとよいでしょう。

たとえば、単にコードを記述するだけでなく、それがどんな機能で、どこからコピーしてきたのかを合わせてコメントしておくと、他の人も理解しやすくなります。

こうしたことは小さな配慮に過ぎませんが、

●カラーコード

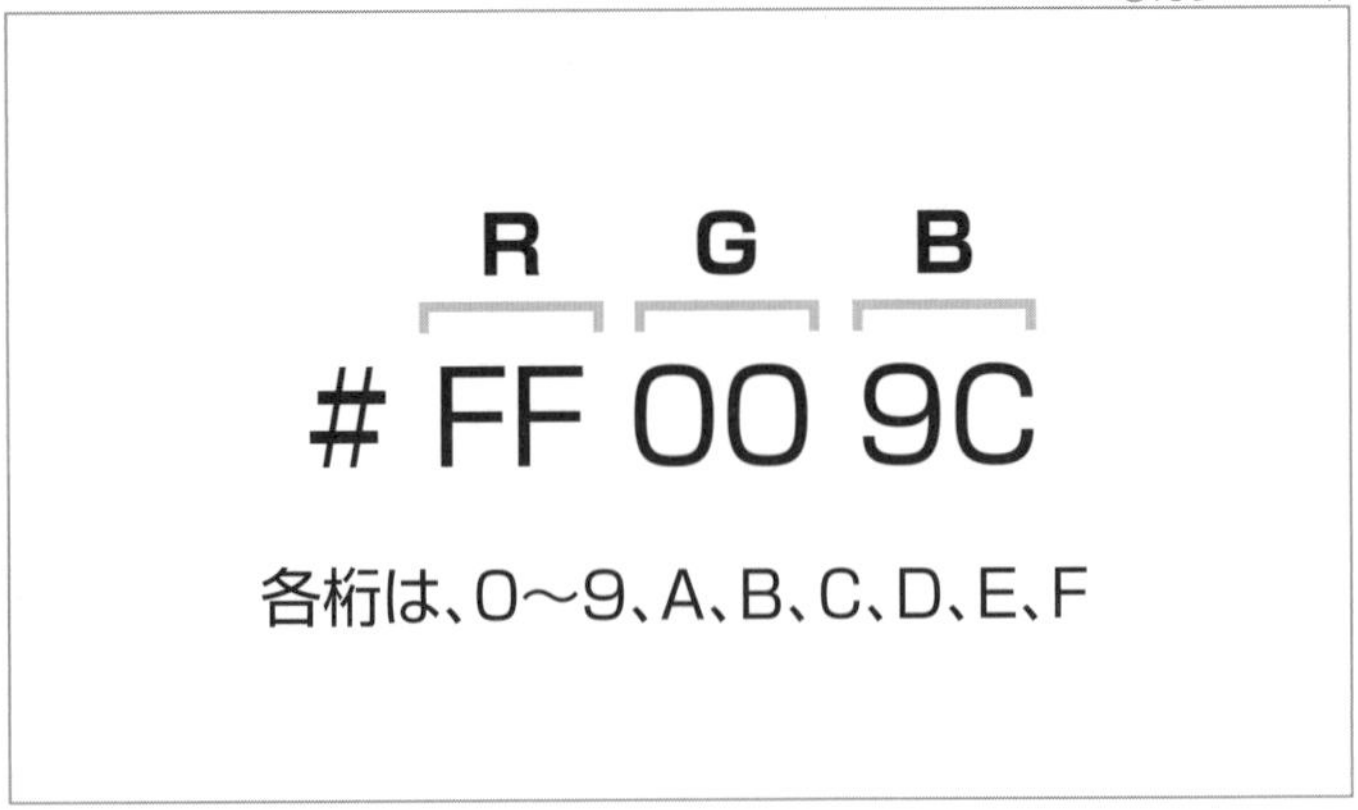
R G B
FF 00 9C
各桁は、0～9、A、B、C、D、E、F

コピーする方からすれば大きく助かります。さらに、他の人のためだけでなく、自分にとってもメリットがあります。

時間が経つと、そのコードがどんな役割を果たしていたのかを忘れてしまいがちですが、一言だけであってもコメントが残してあると、思い出す手助けになります。自分でコードを読めない人ほど、そうした小さな配慮が役立つでしょう。

もちろんこの指針もまた、「こうしなければならない」という絶対的なルールではありません。そうしておいたら、他の人や将来の自分がちょっと楽になるかもしれない、という1つの姿勢の話です。しかし、その姿勢が知のコラボレーションを拡げていくことは覚えておきたいところです。

SECTION 25

アプリとブラウザ拡張

Scrapbox外のカスタマイズも紹介しておきます。

モバイルアプリ

公式アプリではない、サードパーティーによるモバイルアプリが3つあります。

●91958

Scrapboxにすばやくメモを取るためのiOSアプリです。

●Poter for Scrapbox

Scrapbox専用ブラウザのiOSアプリです。

●Share to ScrapBox

閲覧しているWebページを取り込むためのAndroidアプリです。

ScrapboxはWebブラウザで利用できるので、特別なアプリケーションがなくても問題ありませんが、スマートフォンでの素早い入力や、キーボード補助が必要な場合は使ってみるとよいでしょう。

ブラウザ拡張機能

Webブラウザにインストールして使えるブラウザ拡張機能もあります。現時点では1つだけで、Chromeの「ScrapScripts」がその拡張機能です。

●ScrapScripts

https://chrome.google.com/webstore/detail/scrapscripts/
pmpjhaeadhebhjmninnpikcdogmjgok

この拡張機能をインストールした上で、「自分のページ」に次ページのような記述を追加するとScrapboxに新しい機能を付与できます。

付与できる機能は複数あるのですが、特に面白いのが「リンク先ページのテキストを表示する」機能です。この機能をオンにすると、ページのリンクにマウスカーソルを合わせた際、リンク先のページが小さく表示されるようになります。つまり、リンクをクリックしてそのページにジャンプしなくても、その中身を確認できるのです。また、小さく表示されたページの中にリンクがある場合も同じ機能が発動し、次々にページをたどっていけます。

残念ながらChromeブラウザのみの機能ですが、もしお使いならばぜひインストールしてみてください。面白い体験ができるはずです。使用方法については次のページに詳しく記載されています。

https://scrapbox.io/customize/daiiz制のChrome拡張機能

●ScrapScriptsの機能をONにする

```
$('body').attr('data-daiiz-rel-bubble', 'on');
```

リンクを作るブラウザ拡張機能

Scrapboxと直接の関係はありませんが、閲覧しているページのURLを取得するブラウザ拡張機能も便利に使えます。

たとえば、Firefoxでは「Format Link」、Chromeでは「Create Link」といった拡張機能は、表示ページのタイトルとURLを、指定の書式に変換してクリップボードに加えてくれます。その書式を「**[ページタイトル ページURL]**」のようなScrapbox形式にしておけば、Scrapboxで使えるリンクが簡単に取得できます。

Firefoxの「Format Link」であれば、「**[{{text}} {{url}}]**」と書式を指定し、Chromeの「Create Link」であればあらかじめ用意されているMediaWiki形式がそのままScrapbox用のリンクとして使用できます。

公式以外のブックマークレット

公式から提供されているブックマークレット以外にも、ユーザー有志が作成および公開しているブックマークレットもあります。たとえば、「Scrapboxとあそぶ」で紹介されている「見たまんまスクラップ」は、公式のブックマークレットとは違い、太字などの情報を保持したままScrapboxに取り込めるようになっています。

● 見たまんまスクラップ

https://scrapbox.io/scrasobox/見たまんまスクラップ

また、Amazonで閲覧している本の情報をScrapboxに取り込むためのブックマークレットもあります。こちらは私が作成したものです。

● AmazonからScrapboxにスクラップするブックマークレット

https://rashita.net/blog/?p=24448

このブックマークレットの作成を補助するためのページも作りました。

● bookmarkletメーカー

http://honkure.net/tool/sandbox/bookmarklet01.html

もし頻繁にWebサイトから情報を取り込む場合は、このようなブックマークレットを使ってみてもよいでしょう。さらに、自分でJavaScriptが書けるなら、ブックマークレットを自作することも可能です。

ブックマークレットでやっていることは至極単純です。下記のページにアクセスしているだけです。もしそのタイトルを持つページが存在しなければ新規作成され、存在するならば既存のページに追記される形になります。

次のページに解説があるので、自作される方は参照してみてください。

●ページを作る

https://scrapbox.io/help-jp/ページを作る

●ブックマークレットでアクセスしているページ

```
https://scrapbox.io/プロジェクト名/ページタイトル?body=本文
```

SECTION 26

ミニTips

本章の最後に、ちょっとしたテクニックを紹介しておきます。

キー操作

「Personal Settings」の「Extensions」タブには、「Emacs key binding」と「Prioritize Outline-edit key bindings」の項目があります。

「Emacs key binding」はmacOSではデフォルトでオンになっていて、Windowsではチェックボックスでオン／オフを切り替えられます。

この設定により、下表のようなキー操作が可能となります。

◉「Emacs key binding」のキー操作

キー操作	説明
Ctrl + P, N, B, F	上下左右
Ctrl+ A, E	行頭・行末
Ctrl + D	文字削除
Ctrl + H	バックスペース
Ctrl + K	emacsカット(カーソル位置より右から行末までをカット)
Ctrl + Y	emacsペースト

「Prioritize Outline-edit key bindings」はアウトライン操作に関するキーバインドを優先させる設定です。アウトライン操作については下表のショートカット操作が準備されているのですが、環境によっては別の操作が優先される場合があります。「Prioritize Outline-edit key bindings」の設定は、その優先をScrapboxに寄せるものです。

ただし、macOSの場合には、アウトライン操作に関するショートカットがMissionコントロールの操作に使われているので、Scrapboxでアウトライン操作を行う場合には、OSの環境設定でその操作をオフにしておくとよいでしょう。

これらのキー設定は、個々のプロジェクトではなく、自分が使うプロジェクト全体に作用します。

◉「Prioritize Outline-edit key bindings」のキー操作

キー操作	説明
Ctrl+→	行を右に移動
Ctrl+←	行を左に移動
Ctrl+↑	行を上に移動
Ctrl+↓	行を下に移動
Option(Alt) + ↑	ブロックを上に移動
Option(Alt) + ↓	ブロックを下に移動

アイコンを入力するショートカット

Ctrl + Iで自分のアイコンが入力できます。このショートカットを連打すると、アイコンが連続入力されます。

単純に何度も入力されるのではなく、入力するたびに「[rashita.icon*2]」「[rashita.icon*3]」「[rashita.icon*4]」と掛け算の数字が増えていきます。逆に、連打しなくてもこの掛け算の表記を使えば、たくたんのアイコンを並べることができます。たとえば、四角に塗りつぶしたアイコンを準備しておけば、棒グラフのような表現も可能です。

◉アイコン入力のサンプル画面

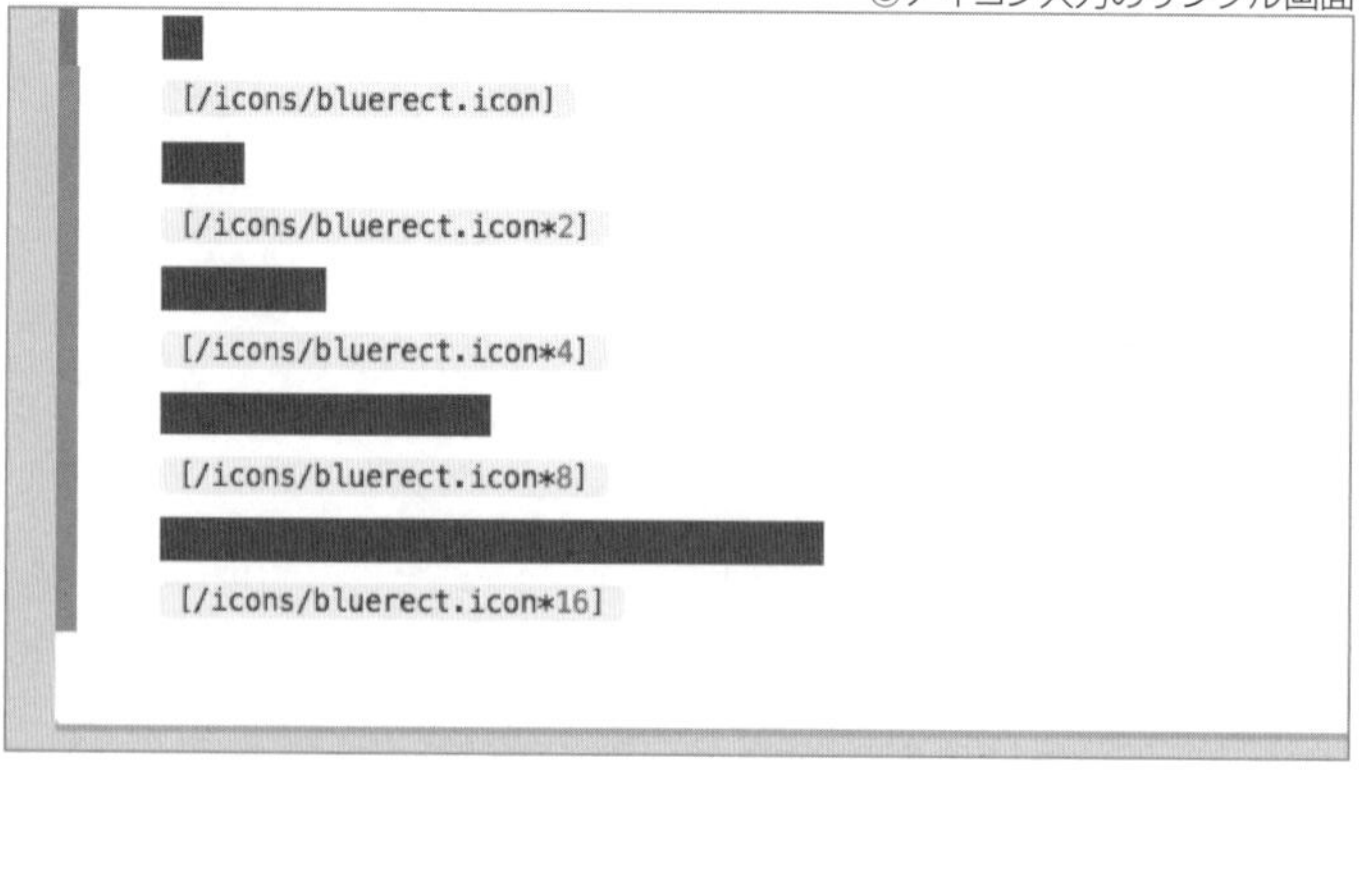
[/icons/bluerect.icon]
[/icons/bluerect.icon*2]
[/icons/bluerect.icon*4]
[/icons/bluerect.icon*8]
[/icons/bluerect.icon*16]

日付を入力する

Ctrl + Tで日付が入力できます。
このショートカットを連打すると、表記が変わります。デフォルトでは3つのパターンがあります。

- 2018/6/14
- [2018/6]/14
- 2018/6/14 11:56

さらに日付の表記を変える

日付の表示方法をアレンジしたい場合は、UserScriptを使います。

たとえば、下記のように設定します。それぞれ次のような形式のデータが挿入されます。

- 2018年06月14日
- 12:10

●日付をアレンジするUserScript

```
code:Script.js
  scrapbox.TimeStamp.addFormat('YYYY年MM月D日 ') ;
  scrapbox.TimeStamp.addFormat('HH:mm ') ;
```

日付の入力に関しては、人によって使いたい様式が異なるでしょうから、少し詳しく説明しておきましょう(このフォーマットに馴染みがある方は、Moment.jsの書式について検索してみてください)。

「addFormat(")」の中に書き込むものは、通常の文字と特殊な文字の2種類があります。先ほど挙げた例で言えば、「年、月、日」が通常の文字で、「YYYY、MM、D」が特殊な文字です。通常の文字はそのまま出力され、特殊な文字はショートカットキーを押した時間が参照され、文字に変換されて出力されます。

通常の文字は、全角でも半角でもどちらでも構いません。スラッシュやコロン、ハイフンやスペースで日付を区切ることもできます。つまり、2018/06/14や2018-06-14といった表記も可能です。

特殊な文字には、次ページの表のように決まったパターンがあります。

もし、自分の表示させたい文字が、特殊な文字と重なっていてうまく表示させられない場合は、エスケープを指定しましょう。たとえば「Today」と入力させたい場合は、そのままではうまくいきません。そうしたときは、「[Today]」のようにブラケットでくくれば意図通りに表示させられます。

これらを組み合わせて、自分好みの日付と時刻を設定してみてください。

ちなみに、この設定ではパターンの追加が行われるだけで、既存のパターンは上書きされません。ショートカットキーを連打したときに表示されるパターンが1つ増えるイメージです。

◉特殊な文字のパターン

特殊な文字(フォーマット)	例	内容
YYYY	2018	年
YY	18	年(下二桁)
MM	07	月(数字表記)
M	7	月(一桁の前に0なし)
MMMM	July	月(記述)
DD	24	日
Do	24th	日(th付き0)
HH	16	時間(24時間表記)
hh	4	時間(12時間表記)
mm	12	分
ss	43	秒
a	am	am or pm

アイコンを大きくする

「[[rashita.icon]]」のように、2つのブラケットで囲めば、アイコンのサイズが大きめに表示されます。

リンクを大きくする

ページリンクを大きくしたい場合は、「[** [ページタイトル]]」のようにページリンク記法と強調記法を同時に使います。

「*」の数を増やせば、リンク文字も大きくなります。

変換候補から直接アイコンを入力する

ブラケットの中にページタイトルを入力していくと、上にタイトル候補が選択されます。この候補はTabキーでフォーカスの移動が可能です。望む項目まで移動し、Returnキーで入力を確定できるのですが、その代わりにCtrl + I(アイコン入力のショートカットキー)を押すと、ページタイトルではなく、「ページタイトル.icon」が代わりに入力されます。

アイコンを多用している場合に便利です。

テキスト選択からの入力

Scrapboxではテキストを選択するとメニューが表示されます。ここでLinkをクリックすればブラケットが前後に入るのですが、実はクリックしなくても、キーボードで開きブラケット([)を押せば、それだけでリンクとなります。同様にテキストを選択した状態で、「*」を押せば強調に、「/」を押せば斜体に、「-」を押せば取り消しになります。

関連ページをドラッグ

ページの下に表示される「関連ページ」は、ページ内にドラッグ可能です。ドラッグするとそのページへのリンクが追記されます。ページ内に記述を追加するときだけでなく、関連ページを構造化したいとき(たとえば目次ページを作る)にも便利です。

リンクを並べる順番

「関連ページ」項目の表示順は、そのリンクやハッシュタグがページに登場した順番になっています。

ただし、関連ページは一度しか表示されません。ある項目で表示されると、別の項目に含まれていても、そこでは表示されないのです。よって、粒度の大きいリンクを先に書いてしまうと、そこにすべてが表示されてしまいます。

たとえば、「#本」というハッシュタグがあり、「#ビジネス書」「#技術書」「#小説」というより粒度の小さいハッシュタグも作っていたとしましょう。この際、「#本」「#ビジネス書」の順番でハッシュタグを記述してしまうと、すべてが「#本」の項目に表示されることになります。順番を「#ビジネス書」「#本」とすれば、まず「#ビジネス書」を持つページが表示されたあとで、それらを除く「#本」を持つページが表示されます。

リンク記述式で書いていくときはあまり気になりませんが、ハッシュタグをたくさん使っている場合は、気に留めておくとよいでしょう。

iOSで音声入力

Scrapboxでも、OSの標準機能やアプリケーションを使うことで音声入力が可能です。しかし、iOS端末からの入力はうまくいきません。変換機能との競合が発生して、入力できないのです。

これを回避したい場合は、テキストを追加したい部分を範囲選択し、表示されるメニューから「paste」を選びます。すると、入力のためのダイアログが表示されます。このダイアログの中であれば、音声入力は問題なく動きます。入力が終わったら、submitボタンをタップすると、ページ内に追記されます。

プロジェクトやページのURLをそのままペーストする

Scrapboxでは、プロジェクトやページのURLをページ内にペーストすると、そのままのURLではなく、テキストリンクに変換されて貼り付けられます。これは便利なのですが、もしそのままのURLが必要な場合は、いったんブラケットを作りその中にペーストするか、あるいは、バッククォートを入力してペーストしてみてください。そのままのURLが貼り付けられます。

faviconを変更する

Scrapboxのプロジェクトは、通常Scrapboxのロゴマークがfaviconとして使用されます。faviconとはブラウザのタブなどで表示されるページのアイコンのことです。

このfaviconは、プロジェクトごとに設定変更できます。

まずfaviconにしたい画像を準備しましょう。次に、どこかのページにピンを打ちます。そのページに、準備した画像を貼り付けて、ページをリロードすればその画像がfaviconとして設定されているはずです。ただし、このピンを打ったページがプロジェクトの先頭にきている必要があります。二番目以降では効果がありませんので注意してください。

多くのプロジェクトでは全体の概要を示すページが先頭にピン打ちされるので、そのページにfaviconにしたい画像を置いておくのがよいでしょう。

私は、作業用のプロジェクトでは、毎週、画像を貼り替えて、週ごとに気分を変えるようにしています。

新規作成にダイレクトアクセス

Scrapboxで新規ページを作成する場合は、上部に表示されている「+」ボタンをクリックします。

実はこのボタンは、「https://scrapbox.io/プロジェクト名/new」へのリンクになっています。つまり、このURLにアクセスすれば、新規ページの作成画面に直接ジャンプできます。

そのページをブックマークしておいたり、ブックマークレット経由でジャンプできるようにしておけば、手軽に新規作成ページにアクセスできます。

検索ボックスからページ作成

検索ボックスにテキストを入力して、Returnキーを押せば検索が実行されますが、テキストを入力した状態で新規作成ボタンをクリックすれば、そのテキスト名のページにアクセスします。

使い方としては、検索ボックスに入力する→候補が表示される→求めているページが存在しないことがわかる→新規作成ボタンからそのページを作成する、といった手順になるでしょう。

ページ一部を復旧させる

間違って削除してしまった内容は、取り消しのショートカットキー（Command ＋ ZもしくはCtrl＋ Z）で取り戻せることが大半ですが、それで対応しきれない場合は、APIにアクセスしてログを探す方法があります。

具体的には、次の手順を取ります。

❶「https://scrapbox.io/api/pages/プロジェクト名/ページタイトル」で、ページIDを確認する

❷「https://scrapbox.io/api/pages/help-jp/ページID/commits」でcommitsを入手する

❸そのcommitsをcommits.jsonとして保存し、その中から必要な箇所を探す

少し手順はかかりますが、内容の復旧は可能です。

アカウントの削除

現時点で、ページ内の操作からScrapboxのアカウントを削除することはできません。機能実装の予定はあるようですが、それまでは、いくつかの手順が必要です。

まず、次の2つを行い、所属プロジェクトが1つもない状態にします。

- 自分が作成したプロジェクトをすべて削除する
- 自分が参加したプロジェクトからすべて抜ける

その上で、「https://scrapbox.io/contact」に問い合わせればアカウントの削除を進められます。

RSS

Scrapboxの公開プロジェクトでは、RSSが取得できます。RSSリーダーなどでは、プロジェクトのURLでそのまま登録できますが、次のようなURLでも取得が可能です。

https://scrapbox.io/api/feed/プロジェクト名

このＲＳＳと、たとえばＩＦＴＴＴなどのＷｅｂアプリケーション連携ツールを使えば、「プロジェクトに更新があったら、Twitterでつぶやく」といった動作も可能となります。

API

最後に、ややマニアックな話を。

Scrapboxではａｐｉが公開されています。扱い方は簡単で、書式に沿ったＵＲＬにアクセスするだけです。

たとえば、次のＵＲＬにアクセスすれば、そのプロジェクトに属するページの情報が返ってきます。

https://scrapbox.io/api/pages/プロジェクト名

他にも、次のＵＲＬであれば、該当ページの情報が返ってきます。

https://scrapbox.io/api/pages/プロジェクト名/ページタイトル

次のURLであれば、該当ページの本文が返ってきます。

https://scrapbox.io/api/pages/プロジェクト名/ページタイトル/text

そのページのタイトルに使われている画像であれば、次のURLで取得できます。

https://scrapbox.io/api/pages/プロジェクト名/ページ名/icon

このようなAPIは、先ほど紹介したUserScriptと組み合わせることで、大きな力を発揮します。

どんなことに使えるのかは、それこそ想像力次第ですが、たとえば「Scrapboxとあそぶ」で公開されているテンプレート作成スクリプトでは、コードを呼び出すAPIが使われています。どこかのページに新規ページのひな形を保存しておき、それを呼び出してページのテンプレートにする、というUserScriptです。

●テンプレートを使ってページを作成(UserScript版)

https://scrapbox.io/scrasobox/テンプレートを使ってページを作成(UserScript版)

また、私は、remindというページを作っておき、そこに明日の自分に引き継ぎたいことを書き込むことで、次回のScrapboxアクセス時にアラートを飛ばすような設定もしています。これもAPI+UserScriptの連携で実施しています。

Scrapboxに保存されているデータを使って、Scrapboxで新しいことをする土台を作る。これもScrapboxの使い方の1つです。

◉リマインドさせる内容を保存したページ

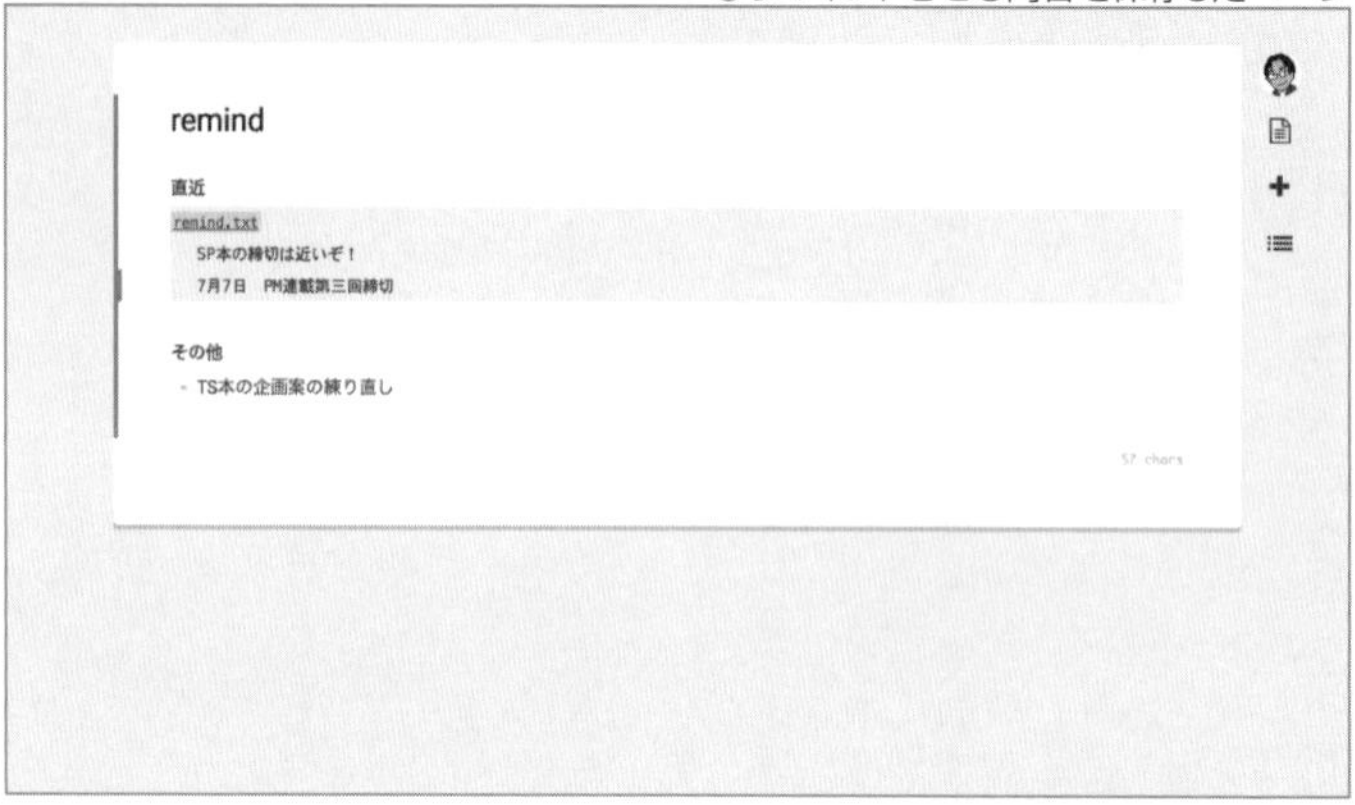

◉リマインドされた内容

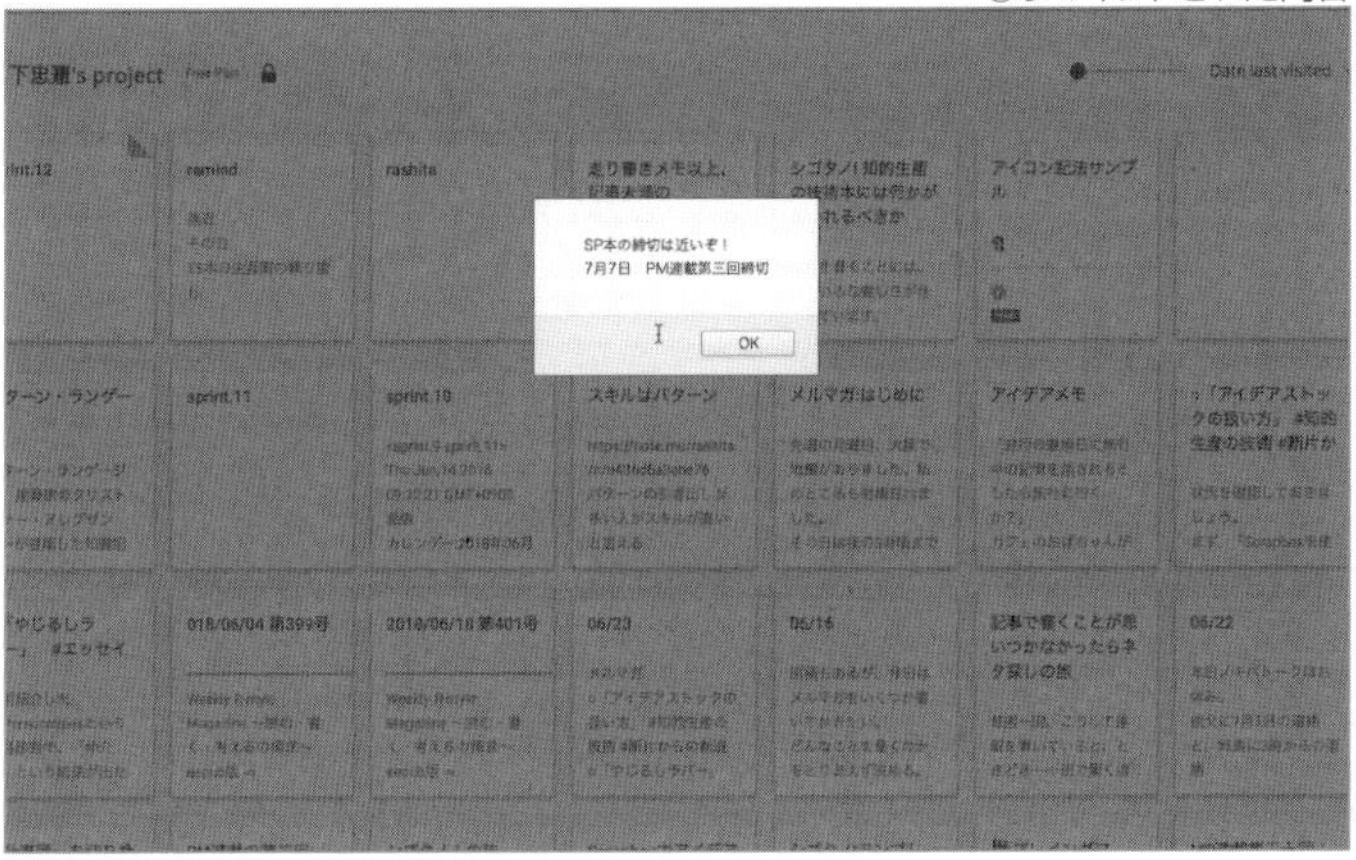

SECTION 27

本章のまとめ

本章ではScrapboxのカスタマイズについて紹介しました。

だいたいどのデジタルツールであっても、少しくらいのカスタマイズ機能はあるものです。しかし、細かい部分までの見た目の調整と、JavaScriptによる機能拡張はなかなか他の情報整理ツールには見受けられません。特に、UserCSS、UserScript、そしてAPIの三要素は、Scrapboxの「用途」を格段に拡げてくれます。

しかも単に拡張機能があるだけでなく、そうした拡張のやり方が公開されているのもScrapboxの特徴です。誰かの知が、別の人の知につらなるような設計がなされているのです。もちろん、何もしなくても簡単に「答え」が手に入るような環境ではないかもしれませんが、いろいろ探し周り、自分で工夫して環境を作り上げていく楽しさがScrapboxにはあります。むしろ、本当に自分の手に馴染むツールは、そうした工程を経てしか手に入らないのかもしれません。

他の人の知識を有効に活用すること。そして、自分の知識を誰かに使ってもらえるようにすること。これもまた、Scrapboxが生み出す知のコラボレーションの在り方です。

Column

JavaScriptを触ってみる

プログラミング言語に慣れていないと、コードに英語や訳のわからない記号が並んでいるのを見るだけで、嫌気が差してしまうかもしれません。その気持ちはとてもよくわかります。

ありがたいことに、Scrapboxではまったくコードを書かずにカスタマイズが実現できます。コピペして貼り付けるだけなので、コード恐怖症であっても問題ありません。とは言え、欲を言えば自分でコードを書けるようになりたいものです。最低限、一から書けなくても、書いてあるコードが読めるようになるだけで、他の人のUserScriptの改造が急激に容易になります。

JavaScriptが使えるようになると、UserScriptが作れるようになるだけでなく、ブックマークレットも自作できます。また、他のWebツールの機能拡張も可能です。MicrosoftのExcelにおいてカスタム関数としてJavaScriptがサポートされることも発表されていますし、macOSであれば、JavaScriptを使ったアプリケーションの自動操作が可能です。一度、覚えておくと、なかなか応用範囲の広いプログラミング言語なのです。

幸い書店にはJavaScriptの入門書がごまんとありますし、ネットでも「JavaScript 入門」と検索すれば丁寧な解説サイトがやまほど見つかります。もし、何かプログラミング言語を覚えてみたいと考えておられるなら、これを機会にJavaScriptを触ってみるのもよいでしょう。

使えるようになるとScrapboxだけでなく、パソコン作業全般の効率化が進むはずです。

EPILOGUE

知のコラボレーションで時代を切り開く

SECTION 28

Scrapboxは知のコラボレーションツール

本書では、4つの特徴を手がかりにしてScrapboxの機能を紹介してきました。

- 簡易な入力環境
- リンクによるネットワーク化
- 多様な使い方の許容
- 拡張性・利便性補助

Webに馴染みのある人なら違和感なく使える画面設計、即座に箇条書きに入れる記入システム、リンクが簡易に作成でき、またそれに揃えられたさまざまな記法、リンクをベースにした関連ノートの表示、ひとり／複数とプライベート／パブリックの二軸による多様な運用スタイル、そして、使い方の幅を拡げる拡張機能。Scrapboxはこうした機能で構成されています。

Scrapboxの2つの指向性

これらのどこに注目するかによって、Scrapboxの姿は違ってみえるでしょう。便利なメモ整理ツールかもしれませんし、簡易のブログシステムかもしれません。あるいはチームの効率的な情報共有ツールということもあるでしょう。しかし、どのように捉えるにしても、次の2つの指向性は共通しています。

- 知識の部品化
- シームレスでフラットな情報環境

まず、クイックリーな箇条書きとその移動機能により、情報が端的に書き込まれることが支援されます。また、その知識は他の知識とリンクする形で保存され、引き出せるようになっています。これは「使う場所に置いておく」の原理です。知識を大きな塊のままで保存しておくのではなく、部品として細かい状態で置いておき、必要なときに取り出して使えるようにする。部品は、全体を構成するパーツのことですから、断片でもあり、それはつまりScrapでもあります。その部品を入れておくための箱がScrapboxというツールです。

また、JavaScriptとＡＰＩにより、単に保存しておいたものを読み返すだけではなく、別の知的活動に転用できる可能も秘めています。他のクラウドツールでもデータを引き出すためのＡＰＩが準備されていることは多いのですが、利用するためには一定の手続きを経る必要があり、プログラミングの素養がない人には手が出しにくい状況になっています。その点、Scrapboxでは、私のような趣味的、あるいは日曜大工的にプログラミングを触っている人間でも、データを引き出せるようになっています。利用の間口は広いと考えて間違いないでしょう。

このようにして、単に情報を蓄えるだけではなく、それをあとから「使うため」に保存しておく。知識を部品化しておく。これが情報が多すぎる時代への１つの回答であり、Scrapboxの第一の指向性でもあります。

第二の指向性は、シームレスさとフラットさです。Scrapboxでは、個人用のメモも、外向けのアウトプットも、同じように扱えます。それぞれの用途に合わせてツールを変える必要がありません。メモとしての使い方を学べば、そのままブログツールとしても使えるようになります。データを移動させるときも、単にページの全体をコピーして別のプロジェクトのページに貼り付ければ、それで完結します。画像が、直接保存されるのではなく、そのURLを保存する形になっているので、すべてがテキスト操作だけで済むのもScrapboxの特徴です。

さらに、個々の情報はフラットに並びます。階層がなく、雑多な情報を許容するだけでなく、情報の記入者においても上下関係はありません。プロジェクトの参加者であれば、誰でも他と人と同じように書き込めます。つまり、情報がフラットなだけでなく、メンバー同士もフラットです。あるいは、情報のフラットさを担保するために、メンバーもフラットになっていると言い換えてもよいでしょう。

両方に言えるのは、知を閉じ込めないということです。死蔵させず、躊躇や遠慮もさせずに、知を広げていくこと。

このような指向性により、知のコラボレーションが加速していきます。

知のコラボレーションということ

Scrapboxは、知のコラボレーションツールです。そのことの意味を改めて考えてみましょう。

まず、個人の中にある断片的な知識がリンクによって接続されます。もともと脳内でもネットワークは形成されているのでしょうが、それが可視化されるとともに、あまり意識されていなかったつながりが見出されることもあります。メタファーによって接続される知識といったものがその代表例です。

これまでの情報整理ツールでは、「保存する」「1カ所に集める」ことが主眼でしたが、そこにネットワークを形成することはあまり意識されていませんでした。逆に、リンクが作れるWikiツールは、扱いが難しく敷居が高いものでした。Scrapboxは簡易なUIとリンク記法により、誰でも情報ネットワークの形成が可能になっています。

個人の情報環境において、そうしたことが達成できるのは素晴らしいものですが、それだけではありません。

Scrapboxは、人と人の知をつなげる効果もあります。その効果は2つの方向から支援されます。1つは、複数人のクローズドな（プライベートな）プロジェクトにおいて。もう1つは、ひとりのパブリックなプロジェクトにおいてです。前者は、ゆるやかなコンテキストを持つ人同士のつながり（クラスタ）における情報交流を促進しますし、後者はブログと同様に自分が持つ知識を全世界に向けて公開する動きを強化します。

さらに、それらの複合的な動きもあります。複数人によるパブリックへのアウトプット活動です。その活動は、1つのグループが持つ知識を外に拡げるだけでなく、招待リンクを公開することで、よりたくさんの人から知識を集める流れへとも接続します。このような動きは、もともとWikiというツールが持っていた方向性であり、もっと言えば、Ｗｅｂそのものの源流とも言えるでしょう。

Scrapboxでは、昔ならメーリングリストで行われていたような、知識の持ち寄りが可能になります。あるいは、Ｗｅｂに公開して、自分の知識を他人に接続できるようにもなります。さらに、各自が持ち寄った知をＷｅｂに公開することもできます。

もう1つ言えば、Scrapboxは「Scrapboxの使い方」に関する知もつなげます。使用している拡張機能のコードが公開されているので、「Scrapboxの使い方」は簡単に拡げていけますし、また自分がそこに加えた工夫も誰かに参照される可能性を持ちます。

Scrapboxは、カード型のWikiであると最初に書きましたが、こうして一通りの機能を眺めてみると、その言葉は半分正解であり、半分間違いであることがわかります。Scrapboxは、Wikiというツールをより身近なものにした上で、さらに便利なものへと強化しています。その意味

◉個人の知が広がっていく

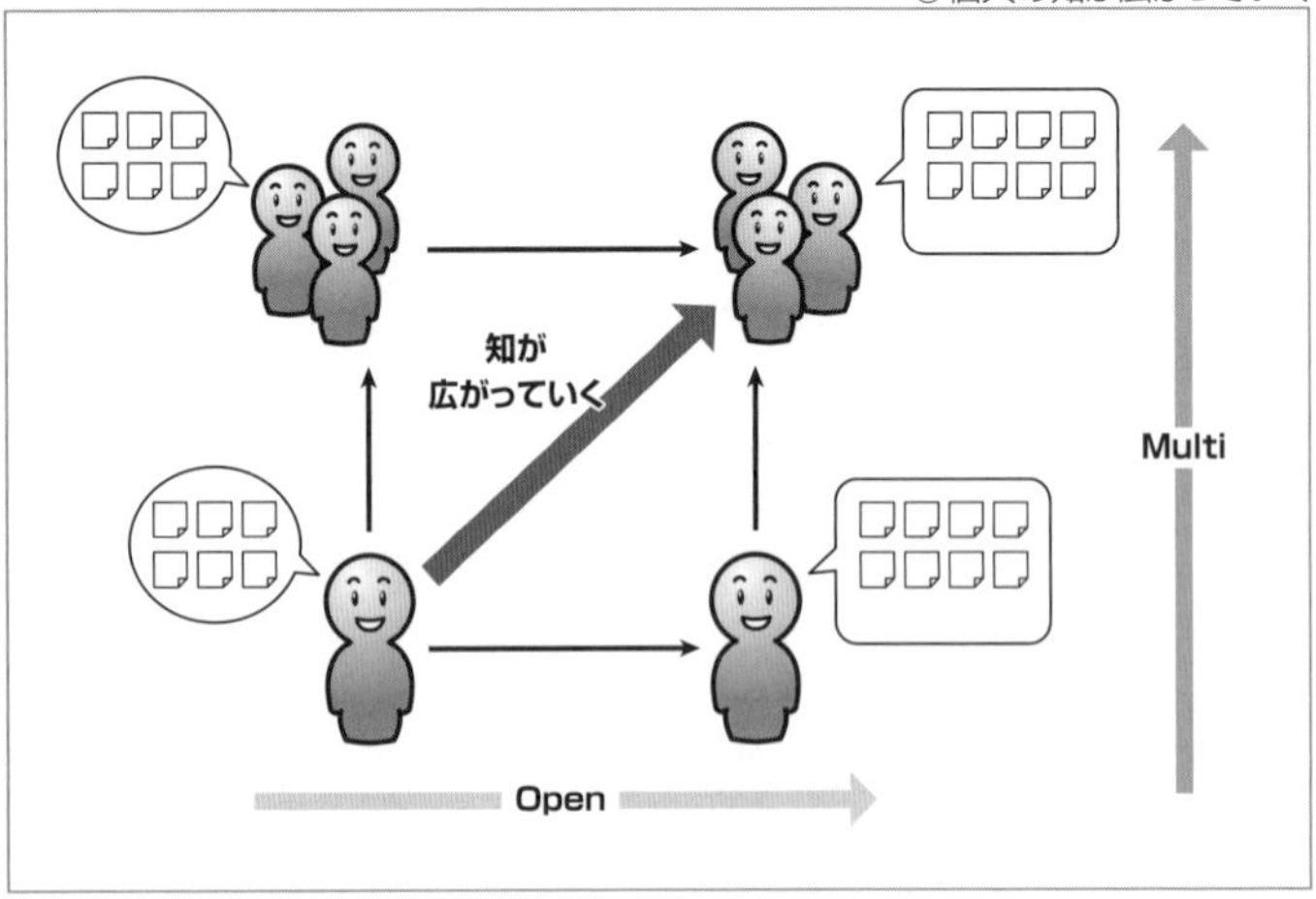

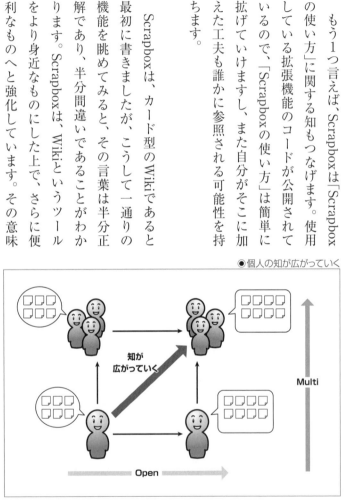

で、Scrapboxは、Wiki的ではあるものの、Wikiそのものではありません。Scrapboxは、Scrapboxというまったく新しいツールです。

そのScrapboxを使っていくことは、単に知識を収集する行為を意味しません。リンクによって形成される知識ネットワーク、参加者および情報のフラットさ、個人の知が複数人への知へとシームレスに接続する流れ。これらの特徴は、1つの場にそれぞれの人が固有に持つ知を「持ち寄る」ことと言い換えてよいでしょう。知識のお裾分け。そのようなことが行われる場、あるいは行われやすい場がScrapboxです。

単に多くの意見を寄せ集めた集合知ではなく、複数人の知が集まり、新しい形を織りなすことで生まれる融合知、なんて呼び方もできるかもしれません。

そして、その動きこそが、分断を乗り越える契機となります。

黎明期の知的生産の技術

アナログツールが中心だった1970年代から、情報をいかに扱うのかについての議論は盛んに行われていました。そうした分野は「知的生産の技術」と呼ばれています。

当初、その分野では、情報を蓄積するためのノウハウが中心的に検討されていました。アナログツールでは、情報を保存するのが簡単ではないので、その弱点を克服するためにさまざまな工夫が検討されていたわけです。

デジタル機器の登場は、その環境を劇的に変えました。情報は、容易かつ大量に保存できることが前提になったのです。さらに、インターネットの登場が、質的な変化ももたらしました。自分で保存しておかなくても、ネットを検索すれば情報が見つけられる。そんな環境が整ってきました。そうなると、情報の扱い方にも変化が求められます。

もう1つ、当時の知的生産の技術は、個人に閉じていました。言い換えれば、自分ひとりの情報環境を構築する話だったわけです。本を読んだり、思索にふけることは基本的には1人で行うことなので、議論の出発点としては悪くありません。しかし、広がり自体は狭いものです。

もちろん、その時代でも、知識を持ち寄る場所は存在していました。大学などの教育機関や、各種の研究所では、分野を超えた知識が集められ、そこから新しい知恵や情報が生み出されていました。知識を扱う企業においても同様だったでしょう。

しかし、その時代では物理的な制約がまだ強く働いていました。そうした場所に足を運べない、あるいは参加する資格のない人間は、関係することが難しかったのです。

これもまた、インターネットの登場で、劇的な変化が生まれました。いわゆる「書斎」は、ひとりで閉じこもる場所ではなくなったのです。今では書斎にいながら、そこで展開した思索を、世界中の人々に向けて発信し、交流を生み出すことができます。あらゆる人が、フラットに、自分が持つ知識を世界に向けて発信できるようになったのです。メーリングリスト、掲示板、Wiki、そしてブログと、個人が持つ知がネットを介して世界中へ広がる仕組みは次々と整っていきました。そうなると、知的生産の技術も書斎型のものから、知識の共有や交流、今風に言えばナレッジマネジメントが次なる課題として立ち上がります。つまり、知を拡げるツールと技術の話です。

実際、デジタル情報整理ツールの代表格でもあるEvernoteでも、ビジネスやスペースという共有機能がフォーカスされていますし、クラウドストレージの代表格でもあるDropboxも、Dropbox Paperという共同作業機能を提供しています。デジタル化、そしてクラウド化の先には、必ずこの知の共同作業が待っています。

ネットの分断、リアルの断線

このように、デジタル化とインターネットの登場が、情報を扱う技術全般に良い変化を与え、次のステップに進んでいくかのような期待が持たれていました。しかし、現状はどうなっているでしょうか。

一時期ブログは個人が持つ知見を公開するための優れたツールでしたが、最近では有名になって一旗揚げるための手段に変質しています。その目的によって大量の情報が世に生まれていることも確かですが、一方で機械的に生み出されるテンプレートサイト、注目を集めるためだけに誇張表現を使う発信者、Googleの検索結果をハッキングして、他のサイトを下位に押しやるサイトなどがのさばっています。ゲームの攻略情報を提供する「Wiki」も大量に生まれていますが、それは本来的なWikiとはまったく程遠い姿で、限られた管理者が情報を提供するブログでしかありません。しかも、そのようなサイトが他のサイトから情報を盗用するといった不毛で悲しい状況も生まれています。そこには、知の「つながり」といったものはまったく意識されず、むしろ自分だけが目立てばそれでいい、というような分断化が進行しています。

また、SNSの存在も個人の情報発信を容易にしていますが、情報が断片的なまま流れてしまう問題点を抱えています。情報がたくさん生まれているものの、それらがどんどんと過去に流れていき、知見が蓄積していかない環境に傾きつつあるのです。

情報の偏在と、情報の分散。このような現象が、適切なリンクネットワークの形成を阻害しています。また、フィルターバブルと呼ばれる「自分が好む情報しか閲覧しない」という偏りもネットによって強化されている側面もあります。

デジタル化とインターネットの登場は、間違いなく情報発信の総量は増やしましたが、そこには偏りがあり、また情報がうまく接続されていない状況も生んでいます。個が個のままただ集合しているだけで、適切なネットワークが形成されていないのです。

ネットではない現実社会でも、あいかわらず日本はタテ型の構造が強く、その構造にフィットする形で情報管理が行われています。タコツボ化や、縦割り行政の弊害といった話題がありますが、それが意味することは、組織内の情報の断絶であり、つまりはネットワークの非形成ということです。そのような情報環境では、集まってくる情報の質や量は限られてしまうでしょう。

もちろん、ナレッジマネジメントなどで企業内の知の交流は模索されているでしょうが、それが個人の知的生産の技術とシームレスにつながっているのかと言えば、いささか難しいものがあるのではないでしょうか。むしろ、個人が自分なりに知を育てる話と、そこから生まれた知を集める話は別の領域で語られることが大半なはずです。ここでも分断が発生しています。

停滞と変化

どこかの領域で、閉塞感や停滞感が発生しているなら、情報の分断が発生しているのかもしれません。少なくとも、一度、そう疑ってみるのは有効でしょう。必要な情報や人が集まっていない、あるいはそうした情報が使えるようになっていない。だから新しい波がやってこず、よどみが発生してしまっている。そんな可能性があります。

リンクとフラットによる情報ネットワークであれば、そのような状況を引っ掻き回し、新しい息吹をもたらすことができます。

フラットな情報環境は、タテ型の構造を簡単に超越します。階層構造の上部者であっても、下部者であっても、情報提供者としてはフラットなのです。

もちろん、そうして提供された情報がどう扱われるのかには違いがあるでしょうが(少なくとも詳しい人の情報は尊重されるべきでしょう)、気楽に意見や情報を出せることは重要な意味を持ちます。これは、エリック・スティーブン・レイモンドが『伽藍とバザール』(ＵＳＰ研究所刊。また、山形浩生氏による訳文がhttps://cruel.org/freeware/cathedral.htmlにて公開されています)で示すバザールに近づいていくとも言えます。

情報の流れが変われば、変化は起きます。それくらいに情報は有用であり、重要な存在です。

これまで接続されていなかった知識や情報を接続して、使えるようにしていくこと。そして、そこから生まれるものを受け入れて、新しい知識や情報を生成していくこと。分断から連帯へ。そして融合へ。

これはもともとインターネットが目指していたものでもあります。インターネットは、人々や組織の知をつなげる役割が期待されていました。Wikiを作ったウォード・カニンガムも、HyparCardでパターンブラウザを作ろうとしていましたが、それはまさに人々が持つ知を、使いやすい形に編集する行為だったと言えます。

「パターン」(パタン・ランゲージ)という考え方を提案したクリストファー・アレグザンダーも、〝社会の全員が町づくりや建物づくりに参加し、全員で分かち合う共通のパタン・ランゲージで建物をつくり、しかもその共通言語そのものに生命がない限り、生き生きとした町や建物は、けっして生まれない〟とその著書の中で説いています。

重要なのは、単に知識があることではありません。それが全員で分かち合われていること、そしてその知識に生命があること(=生きた知識であること)です。

そうした知をいかに機能的に構築できるのかが、これからの社会や企業では生存の鍵を握っていくでしょう。

忘れてはいけないのは、第2章でも確認した通り、生きた知識はたゆまぬネットワークの再編を必要とする、ということです。いったん知識を保存すればそれで完了、という考え方では知識は死蔵されるばかりです。

最近では、働き方改革やリモートワークなどの話題も盛んですが、そうした文脈においても、知をつなげる仕組みは重要となります。単にバラバラな場所で仕事ができるだけでなく、バラバラな場所で仕事をしていても、知をつなげられる仕組みを整えられるならば、個の力とそれを束ねる組織の力は増大していくでしょう。

もちろん、ツールを導入しさえすればそれで問題解決となるわけではありません。そのツールをいかに運用するのかが成否を左右します。事細かくルールを設定し、どんなページを作ればいいのかまで管理者が決定するような運用では、Scrapboxはその他のツールとたいした違いを生み出さないでしょう。

しかしまた、ツールの運用が変わることで、組織内の情報交流が変わっていくことも考えられます。階層を超えたフラットな情報共有が、そのツール以外でも違和感なく行われるようになる。そんな変化の中で、具体的な成果が生まれるとき、その変化が全体に向かって広がっていくこともありえるでしょう。
Scrapboxを使うことは、そうした変化を引き起こすきっかけになりえます。

おわりに

いよいよScrapboxを巡るツアーも終着点です。

本書では、初心者が迷わないように、ゆっくり道案内をしてきました。しかし、実際に使い始めてみれば拍子抜けするくらい簡単に使えるのがScrapboxです。そうでなければ、「知のコラボ」は進んでいかないでしょう。

それでも、新しいツールは役割が理解されにくく、また、Ｗｅｂだけでは情報が散らばっていて全体のイメージを掴みにくい問題があります。そこで本書では、ツールの役割解説および網羅的な機能紹介に努めました。単なる機能紹介だけなく、その背後にある思想にもできる限り触れたつもりです。

本書を通して、Scrapboxが持つ新しさや便利さについて理解が深まり、実際に使ってみようと思ってもらえればなによりです。

Scrapboxには2つの世界が広がっています。

1つは、パソコンやスマートフォンに慣れている人ならば、誰でも使える簡易の情報整理および発信ツールとしての世界です。この間口の広さが、Scrapboxの魅力の1つです。

もう1つの世界は、UserScriptやAPIなどを駆使した、マニアックに情報を使い込んでいく世界です。これは掘り下げ始めれば、それだけで1冊の本が書けてしまうディープな世界で、新しい情報活用のスタイルがそこから生まれてくることすら考えられます。

本書が、まず前者の世界の案内に、そして後者の世界への扉になっていれば、著者としては望外の喜びです。

Scrapboxは、日々、機能改善が進んでいます。きっと本書が世に出るころには新しい機能も追加されていることでしょう。それでも、基本的な理念や方向性は変わらないはずです。そして、その点さえ踏まえておけば、使っていく分には問題は生じません。また、本書に登場した機能や事例を含め、新しいニュースや機能に関しては、次のScrapboxプロジェクトでまとめるようにしています。さまざまなプロジェクトにもここからジャンプできますので、よろしければご覧ください。そして、ご興味あればメンバーとして参加してみてください。

● Scrapbox研究会

https://scrapbox.io/scrapboxlab/

最後になりましたが、本書執筆の機会をいただいたC&R研究所の吉成明久様に深くお礼を申し上げます。まだ類書の存在しないテーマに果敢に切り込む姿勢は、セルフパブリッシングを行う著者から見ても感嘆すべきものです。

また、Scrapboxについての情報を提供してくださったNOTA Inc.の洛西一周様と増井俊之様には感謝の言葉を捧げます。Scrapboxの背景やコンセプトをじっくりうかがえたことで、本書の指針が間違っていないことが確認できました。加えてScrapboxの「橋本商会」プロジェクトからは、[Scrapboxの哲学]を深くを学ぶことができました。本書におけるScrapboxの運用のコツは、こちらのプロジェクトから学んだことが大半です。ありがとうございます。

本書は機能面とツールの哲学について紙面を割いたので、もしかしたら大切な1つのことを伝え忘れたかもしれません。それは、「Scrapboxは楽しい」ということです。情報をリンクでつないでいくのは楽しいですし、リアルタイムの共同編集も心躍るものがあります。Scrapboxは無味乾燥な情報整理ツールではありません。使っていく楽しさがあります。

しかし、その楽しさは、言葉だけで伝えることはできません。実際に触り、操作してみてこそ体感できるものです。ですので、ぜひとも仕事や、生活、そして人生全般の「情報整理」について、Scrapboxを使ってみてください。特に新しい情報が次々と生まれ、それらが頻繁に参照される分野であればなおさらです。

きっとそこでは、新しい知のネットワークが広がっていく感覚を味わえることでしょう。それはすばらしい体験になると思います。

2018年6月

倉下忠憲

●参考文献

◆書籍

『パターン、Wiki、XP――時を超えた創造の原則』（江渡浩一郎著、技術評論社）
『パタン・ランゲージ―環境設計の手引』（クリストファー・アレグザンダー著、平田翰那訳、鹿島出版会）
『暗黙知の次元』（マイケル・ポランニー著、高橋勇夫訳、筑摩書房）
『知識創造企業』（野中郁次郎著、竹内弘高著、梅本勝博訳、東洋経済新報社）
『学びとは何か――〈探究人〉になるために』（今井むつみ著、岩波書店）
『「気づく」とはどういうことか』（山鳥重著、筑摩書房）
『集合知とは何か』（西垣通著、中央公論新社）
『情報と秩序』（セザー・ヒダルゴ著、千葉敏生訳、早川書房）
『ソーシャル物理学――「良いアイデアはいかに広がるか」の新しい科学』（アレックス・ペントランド著、小林啓倫訳、草思社）
『経済は「予想外のつながり」で動く――「ネットワーク理論」で読みとく予測不可能な世界のしくみ』（ポール・オームロッド著、望月衛訳、ダイヤモンド社）
『ウェブはグループで進化する』（ポール・アダムス著、小林啓倫訳、日経BP社）
『梅棹忠夫 語る』（語り手 梅棹忠夫、聞き手 小山修三、日本経済新聞社）

『知的生産の技術』（梅棹忠夫著、岩波書店）

『発想法 改版　創造性開発のために』（川喜田二郎著、中央公論新社）

『「超」整理法　情報検索と発想の新システム』（野口悠紀雄、中央公論新社）

『アルゴリズム思考術』（ブライアン・クリスチャン著、トム・グリフィス著、田沢恭子訳、早川書房）

『アイデアのつくり方』（ジェームス・W・ヤング著、今井茂雄訳、CCCメディアハウス）

『アウトライナー実践入門 ～「書く・考える・生活する」創造的アウトライン・プロセッシングの技術～』
（Tak.著、技術評論社）

『インターネットは自由を奪う』（アンドリュー・キーン著、中島由華訳、早川書房）

『伽藍とバザール』（エリック・スティーブン・レイモンド著、山形浩生訳、USP研究所）

『あたらしい書斎』（いしたにまさき著、インプレス）

『消極性デザイン宣言　消極的な人よ、声を上げよ。……いや、上げなくてよい。』
（消極性研究会著、ビー・エヌ・エヌ新社）

◆Web

増井ラボノート コロンブス日和 第16回　Scrapbox（1）
http://gihyo.jp/dev/serial/01/masui-columbus/0016

橋本商会
https://scrapbox.io/shokai/

■著者紹介

倉下《くらした》 忠憲《ただのり》　1980年、京都生まれ。ブログ「R-style」「コンビニブログ」主宰。24時間仕事が動き続けているコンビニ業界で働きながら、マネジメントや効率よい仕事のやり方・時間管理・タスク管理についての研究を実地的に進める。現在はブログや有料メルマガを運営するフリーランスのライター兼コンビニアドバイザー。著書に『EVERNOTE「超」仕事術』『クラウド時代のハイブリッド手帳術』(共にC&R研究所刊)、『Facebook×Twitterで実践するセルフブランディング』(ソシム)などがある。TwitterのIDは"rashita2"。

- ブログ「R-style」
  https://rashita.net/blog/
- ブログ「コンビニブログ」
  http://rashita.jugem.jp/

編集担当：吉成明久 / カバーデザイン：秋田勘助(オフィス・エドモント)

Scrapbox情報整理術

2018年8月1日　　初版発行

著　者　倉下忠憲

発行者　池田武人

発行所　株式会社　シーアンドアール研究所
新潟県新潟市北区西名目所4083-6(〒950-3122)
電話　025-259-4293　FAX　025-258-2801

印刷所　株式会社　ルナテック

ISBN978-4-86354-252-5 C3055

©Kurashita Tadanori, 2018　　Printed in Japan

本書の一部または全部を著作権法で定める範囲を越えて、株式会社シーアンドアール研究所に無断で複写、複製、転載、データ化、テープ化することを禁じます。

落丁・乱丁が万が一ございました場合には、お取り替えいたします。弊社までご連絡ください。